新型电力电子器件丛书

SiC/GaN功率半导体封装和可靠性评估技术

[日] 菅沼克昭 编著
何钧 许恒宇 译

机械工业出版社

本书重点介绍全球功率半导体行业发展潮流中的宽禁带功率半导体封装的基本原理和器件可靠性评价技术。书中以封装为核心，由熟悉各个领域前沿的专家详细解释当前的状况和问题。主要章节为宽禁带功率半导体的现状和封装、模块结构和可靠性问题、引线键合技术、芯片贴装技术、模塑树脂技术、绝缘基板技术、冷却散热技术、可靠性评估和检查技术等。尽管极端环境中的材料退化机制尚未明晰，书中还是总结设计了新的封装材料和结构设计，以尽量阐明未来的发展方向。

本书对于我国宽禁带（国内也称为第三代）半导体产业的发展有积极意义，适合相关的器件设计、工艺设备、应用、产业规划和投资领域人士阅读。

图书在版编目（CIP）数据

SiC/GaN功率半导体封装和可靠性评估技术/（日）菅沼克昭编著；何钧，许恒宇译. —北京：机械工业出版社，2020.12（2024.4重印）
（新型电力电子器件丛书）
ISBN 978-7-111-66953-1

Ⅰ.①S… Ⅱ.①菅… ②何… ③许… Ⅲ.①功率半导体器件-封装工艺-可靠性估计 Ⅳ.①TN305.94

中国版本图书馆CIP数据核字（2020）第228400号

机械工业出版社（北京市百万庄大街22号 邮政编码100037）
策划编辑：付承桂 责任编辑：付承桂 翟天睿
责任校对：王 延 封面设计：马精明
责任印制：郜 敏
北京富资园科技发展有限公司印刷
2024年4月第1版第4次印刷
169mm×239mm · 13印张 · 224千字
标准书号：ISBN 978-7-111-66953-1
定价：89.00元

电话服务	网络服务
客服电话：010-88361066	机 工 官 网：www.cmpbook.com
010-88379833	机 工 官 博：weibo.com/cmp1952
010-68326294	金 书 网：www.golden-book.com
封底无防伪标均为盗版	机工教育服务网：www.cmpedu.com

序

宽禁带半导体是近年来飞速发展的一个重要新兴领域，日本的产学研界同仁做出了很多先导性的研发投入。本书总结了日本产学研界在相关领域近年来的一些技术积累，并且在许多具体的环节和方面，对未来的发展做出展望。我国也在投入大量资源，迅速赶超和接近世界先进水平。但是在SiC/GaN封装方面，起步较晚，还有一定差距。我认为本书的译介对于我国宽禁带（国内也称为第三代）半导体产业的发展有积极意义，适合相关的器件设计、工艺设备、应用、产业规划和投资领域人士阅读。

前三章并不直接涉及具体的封装技术，而是介绍器件的基本知识，其深度足够满足器件设计和工艺人员的技术需要。本书没有涉及一些和瞬态（雪崩、浪涌）过程以及高频寄生参数（寄生电感、电容）有关的可靠性问题。一般认为（广义）封装对这些电特性的影响，不如对本书讨论的其他可靠性的影响大，但是仍然是不可忽视的，也是一些研究的重点，我们希望以后能看到相关的专著出版。关于宽禁带半导体的发展及其在新能源产业中的意义，本书的读者一般都有了解，书中也多有介绍，这里不再赘述。我们希望在此书向读者着重强调的想法是，目前的宽禁带功率半导体技术及其产业，还处于其发展的初期，主要还只能借用硅和砷化镓等半导体在长期产业发展过程中定型的各种材料、工艺和设备，在很大程度上限制了产品设计空间，远远未能发挥其基本材料固有的优越性。产业技术和市场的发展是相辅相成的，最初投入市场的初期产品，带来一定的销售收入与积极的市场期待，会转换为技术研发投入，改进和完善对器件性能限制最严重的设备、工艺、材料，以期获得性能的进步和市场优势。对于强调高温、高压、高频、高电流密度的宽禁带功率半导体器件而言，（广义）封装无疑就处于并且将一直处于这样一个瓶颈位置。和某些典型数字集成电路器件相比，功率半导体器件更强调可靠性、定制性，应用市场相对小而保守，因此不太容易复制某些数字集成电路产业中的出现过的那种在技术相对成熟之后的某个节点，依靠庞大资本投入采购昂贵的高效工艺设备，以单位成本优势后来居上的模式。相反，依靠持续的、适度的前沿和应用研发投入，比较可能获得和保持市场优势地位。在宽禁带半导体功率器件封装技术达到目前硅功率器件的成熟度之前，这种不断的技术研发，可望延续一整代技术人员的职业生涯的时间跨度。这种“技术胜过资本”的特征，也是本书的原作者在前言和后记中一再强调的，以期能够引起饱受韩国竞争冲击的日本半导体业者的重视。

本书的译介，无疑有利于借鉴日本的技术积累，对于中国第三代封装方向的发展很有意义。希望在不久的将来，随着我国相关产业的发展，也能看到关于我国技术人员在这方面的积累和总结的技术专著。

叶甜春
研究员、博士生导师
中国科学院大学微电子学院院长

原书前言

经过功率半导体的长期发展，硅产品已经开始显现其应用的局限性。随着硅器件技术的不断改进，其功率转换损耗的降低已经接近极限，而小型化、更高频率和更高功率的趋势，使得其性能很难进一步提高。另一方面，全球电力设备的数量还在不断增加，日本约有1亿台电动机正在运行中，其所需功率约占日本总功率消耗的60%。如果能够降低功率半导体的能耗，就可以节省巨量的能源并减少CO_2排放。此外，在从发电厂传输到各个家庭的多次转换中有大约60%的电力损耗。另外，由于物联网引起的信息网络的流量直线上升，终端设备以及包括通信基站之类的基础设施设备也造成巨大的能量损耗，在发达国家和发展中国家都是如此。解决此类全球能源问题的一个实际解决方案是广泛使用功率半导体，以及用宽禁带功率半导体来替代硅。

全球功率半导体市场巨大，年增长率接近10%，在日本，预计该产业将持续稳定增长。幸运的是，功率半导体是需要“磨合”集成各个技术的“模拟半导体”类型的技术。它不可能像半导体存储器之类的成熟产业一样，可以在世界任何地方通过购买昂贵的设备实现数字化生产。同时，今天的日本电子和电气工业在世界前列，拥有该领域需要的制造体系、材料和工艺，在今后很长时间内都可以保持较为先进的技术。

另一方面，关注这一技术领域的国家并不只有日本。美国和欧洲也都已启动了大规模的碳化硅（SiC）和氮化镓（GaN）等宽禁带功率半导体项目，作为节能技术王牌。随着晶圆制造工艺的不断完善，以及扩大实际生产的强烈愿望，人们对耐热封装技术产生了前所未有的兴趣。毋庸置疑，封装是电子器件制造的最后挑战。在功率半导体的封装中，除了充分实现器件的性能外，还必须进行设计以实现其他领域未有的器件安全与可靠性。对于碳化硅和氮化镓器件的封装，需要一种可承受250～300℃的热冲击的高度可靠的无铅芯片贴装技术，以及一种新的能够承受大电流和热耗散并抑制高频传输损耗的新的引线技术。

能够有机会提笔撰写本书，重点介绍全球功率半导体行业发展潮流中的宽禁带功率半导体封装的基本原理和可靠性，所有作者都深感荣幸。本书以封装为核心，由熟悉各个领域前沿的专家详细解释当前的状况和问题。主要章节为宽禁带功率半导体的现状和封装、模块结构和可靠性问题、引线键合技术，芯片贴装技术、模塑树脂技术、绝缘基板技术、冷却散热技术、可靠性评估和检查技术等。尽管极端环境中的材料退化机制尚未明晰，但我们还是总结了新的封装材料和结构设计，以尽量阐明未来的发展方向。顺便指出，尽管封装还包括电感和缓冲电容器等无源组件以及抵抗 EMI（电磁干扰）对策，但我们并未涉及这方面的内容，而是期待有关最新技术的更多信息积累。

最后但并非最不重要的一点是，日刊工业新闻的辻總一郎先生提供机会，使作者得以在非常恰当的时机编写本书，并且耐心地等待写作完成，我和所有作者在此深表谢意。对于试图从制造上提高功率半导体的可靠性或面临新挑战的技术人员，或在宽禁带功率半导体研究机构工作的工程师和研究人员，如果通过阅读本书能有所裨益，所有作者都将深感欣慰。

菅沼克昭

大阪大学产业科学研究所

作者名单

菅沼克昭

大阪大学产业科学研究所教授　　第1章、第5章、第10章

舟木刚

大阪大学大学院工学研究科电气电子信息工程专业
系统·控制工程讲座电力系统领域教授　　第2章

中村孝

罗姆株式会社研究开发本部总括部长　　第3章

宇野智裕

新日铁住金株式会社先进技术研究所新材料研究部首席
主任研究员　　第4章

杉冈卓央

株式会社日本催化研究本部先进材料研究所主任研究员　　第6章

米村直己

电化工业株式会社研究开发部主任研究员　　第7章

古川裕一

昭和电工株式会社小山事业所冷却器开发部产品开发
小组领导　　第8章

青木雄一

Espec 株式会社测试咨询本部试验2部部长　　第9章

（所属部门和职位以执笔当时为准。）

目　录

第1章

绪　　言

1.1 电力变换和功率半导体

如今，电力变换设备将发电厂发出的电通过输电线和变电站输送到每家每户，并提供给周围的设备。在此期间进行的各种电力转换中，每个阶段都有功率半导体在发挥着积极作用（见图1.1）。除了在家庭、学校和办公室中使用智

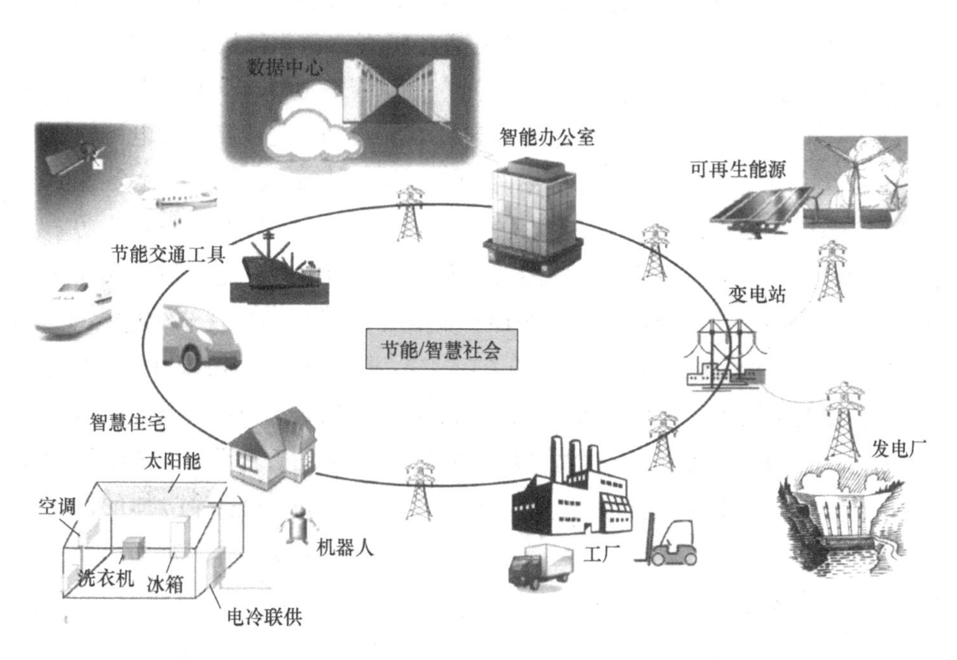

图1.1　功率半导体在电能转换领域中的广泛应用

能手机和笔记本电脑之类的个人信息设备外，在网络前端的分布式基站和云服务器中，多级服务器阵列还从输电站接收大量电能，其运行时需要大型空调控温。在作为社会动脉的交通运输系统中，混合动力汽车、电动汽车、电动火车、船舶、飞机和卫星等各种运输设备的电气化变得越来越普遍。在产业方面，工厂和办公室的电力变换器也是不可或缺的核心设备，而电力变换设备中最高效、应用最广泛的就是功率半导体（见图 1.2）。

图 1.2　典型的功率半导体

长期以来，在功率半导体器件中，硅（Si）一直是主角。出于提高能量转换效率的期望，这一领域的全球市场正在逐年扩大，预测将从 2012 年的约 1.7 万亿日元增长到2020 年的约 2.8 万亿日元[1]。尽管 Si 功率半导体也具有一定的节能效果，但是其功率转换效率已经达到极限。例如，在计算从发电厂到家庭的电力损失时，如果发电厂的功率输出为 100%，那么到家庭时会减少到 40%[2]。通过采用碳化硅/氮化镓宽禁带功率半导体，可以显著减少 Si 功率半导体电力转换系统中的能量损失。图 1.3 所示为不同电力应用领域引入碳化硅（SiC）半导体的预计节能效果，与2010 年相比，2030 年将实现节约电能 114 亿千瓦时/年，折合原油每年 291 万千升/年[3]㊀。根据这一估计，2012 年碳化硅功率半导体的市场规模为 100 亿日元，到 2020 年将增长至 700 亿日元；另一方面，氮化镓（GaN）功率半导体的市场规模在 2012 年几乎为零，但预计到 2020 年将迅速增长到约 1200 亿日元规模。总之，人们预期 Si 功率半导体的市场会进一步扩大，并且将出现突破其性能极限的新型宽禁带半导体，从而形成一个很大的功率半导体市场。

㊀ 此处文字内容似乎与插图不符。——译者注

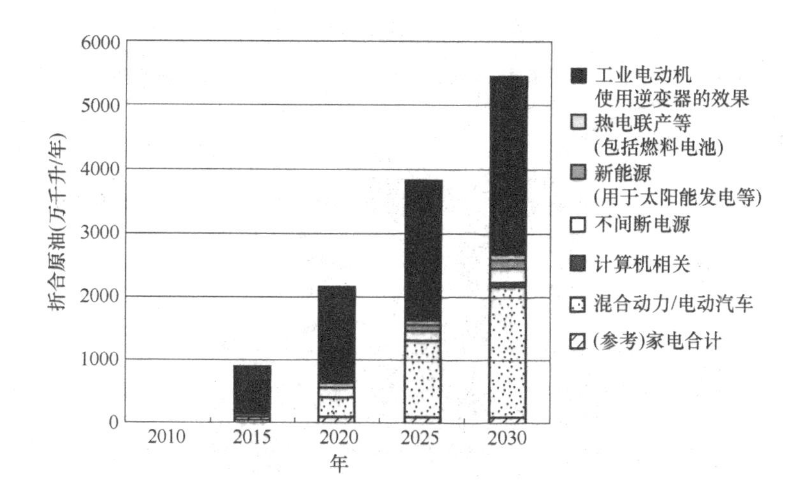

图 1.3 使用 SiC 功率半导体的预期节能效果[3]

1.2 功率半导体封装及可靠性问题

功率半导体的典型垂直封装结构如图 1.4 所示。在 Si 或 SiC 的器件表面上完成接线，并通过芯片贴装向下释放半导体中产生的热量。目前，上表面的接线大多数是铝引线键合（见图 1.5），近来已经替换为横截面较大的条带键合，但是在条带键合工艺中减小压力是一个问题。另外，现已开发了电阻率较低的铜引线，但是其键合工艺压力比铝键合高也是一个问题。人们想要的是能带来低电阻的低压力引线键合线工艺。氮化镓（GaN）具有横向器件结构，但基本封装结构与图 1.4 相同。人们尤其希望硅上氮化镓具有成本竞争力，能很快形成市场。

模块散热是功率半导体中的一个技术问题。图 1.5 中所示的单面散热是通用主流，但也有如图 1.6 所示电装公司的双面冷却类型。所有的贴装都需要优异的热传导结构。目前缺乏可以令人安全放心使用功率半导体的通用可靠性评估技术和标准，无法评估性价比的优劣。此外，即使是 Si 功率半导体也经常出现应用故障，对于功率密度更高的碳化硅和氮化镓，没有经过考验切实可行的可靠性技术是无法使用的，因此迫切需要为产业发展设立标准。

在功率半导体的可靠性方面，需要考虑的因素很多，但是与故障最直接相关的是在功率循环中产生的退化损伤。需要注意芯片贴装部位的疲劳破坏、

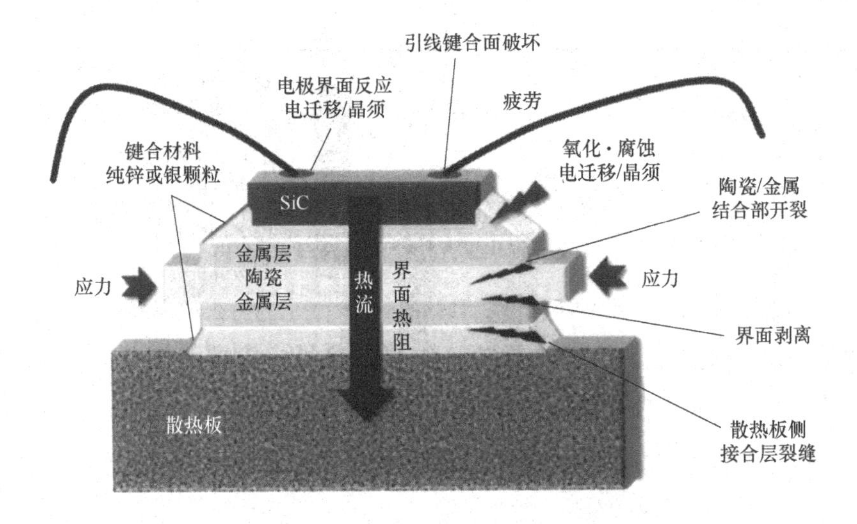

图 1.4 功率半导体的基本封装结构和主要失效原因

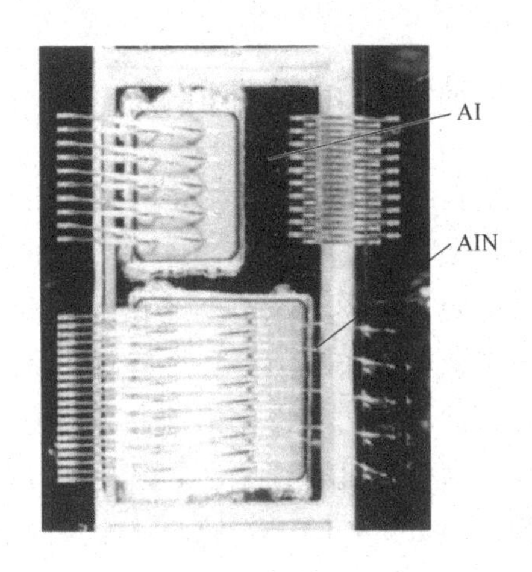

图 1.5 用于混合动力汽车的 IGBT

陶瓷绝缘基板和结合界面的退化，或者引线键合界面的疲劳退化。尤其是芯片贴装处的空洞阻碍器件工作期间的散热，形成热点，成为失效原因，所以必须在生产时尽量避免。此外，随着工作温度升高，电流密度显著增加，因此必须充分注意电迁移对引线侧的影响。电迁移已经成为硅器件中的铝引线的主要问题，电迁移还会引起倒装芯片的精细焊接失效。尽管也有引起芯片贴装失效的情况，但是在芯片贴装侧还存在严重的应力载荷，使得应力迁移和电迁移叠加作用。图 1.4 中显示的各个因素都是主要的器件性

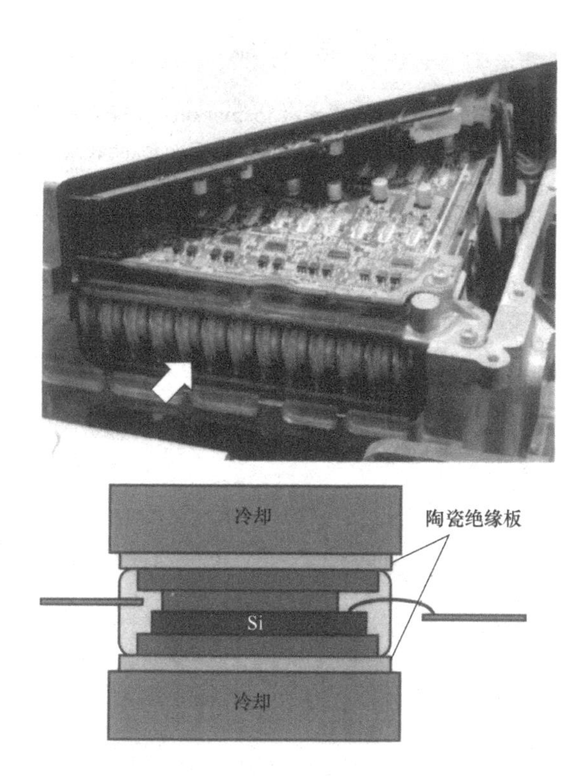

图1.6 使用双面冷却的电源卡结构（电装公司）

能退化机制。

宽禁带功率半导体的预期工作结温将超过200℃。这是当前硅封装技术完全没有涉及过的温度范围，并且模块的每个部件都要承受严酷的温度、应力和氧化/腐蚀性环境的考验，必然会增加发生故障的可能性，因此必须调整组成材料和器件结构。下面列出的是封装方面的要求：

1）可承受－50～300℃的严酷温度循环的组成材料和结合结构；

2）在250～300℃空气中抗氧化的界面设计；

3）阐明超高温大电流下的电迁移退化机制以及相应的结构设计；

4）包括模塑树脂的各种界面设计；

5）芯片贴装缺陷、引线/条带键合缺陷的检测和可靠性评价。

另外，读者应该注意到的是，当涉及模块时，功率半导体的封装技术还包括缓冲电容和电感的安装配置。由于本书内容着重于连线和散热，所以并未包含相关内容。

参 考 文 献

[1] 富士経済資料より，https://www.fuji-keizai.co.jp/market/12098.html

[2] 大阪ガスホームページより，http://home.osakagas.co.jp/search_buy/solar/feature/ecology.html

[3] 新機能素子研究開発協会，「次世代省エネデバイス技術調査報告」より，平成 20 年 3 月

[4] 菅沼克昭，鉛フリーはんだ付け入門，大阪大学出版会，(2013).

第2章

宽禁带半导体功率器件的现状与封装

2.1 电力电子学的概念

自从 1973 年 W. E. Newell 提出电力电子概念以来，已经过去了 40 多年。“在电力电子一词诞生之际，高压大电流 Si 晶闸管和二极管已经投入了实际应用，开始替换当时还在使用的汞整流器。如图 2.1 所示，作为一个跨学科技术领域，电力电子包括三个技术领域，即电子学、控制工程和电气（电机）工程。组成电力变换电路的电子器件包括作为有源器件的功率器件，以及电容、电感和变压器等无源器件。包含智能电网应用的发电输电配电系统属于电力工程范畴，而处理构成系统的旋转电机和固定装置的电气设备等则是电气工程[⊖]。再加上控制电力和能量的流动使得系统能够稳定运行的控制工程学，三者相互结合，才能发挥电力电子的作用。只发展其中某一个技术领域，效果不会很好，必须平衡发展全部三种技术。

在电力电子技术的预期效果中，目前最重要的是节能。1973 年 Newell 提出电力电子的概念时，正值石油危机，而能源自给率低的日本一直大力推动节能。图 2.2 所示为以 1973 年为基准的日本的能源消耗和 GDP 的增长趋势[2]。1973 年石油危机后，日本 GDP 继续增长，到 2012 年已经增长到 1973 年的 2.4 倍，但工业部门的能源消耗却下降到原来的 80%。产量增加能耗却减少，很大程度上是由于以引入逆变器控制电动机为首的电力电子技术做出的贡献。在 2000 年

⊖ 一般认为电力工程也属于电气工程，有时也独立出来。——译者注

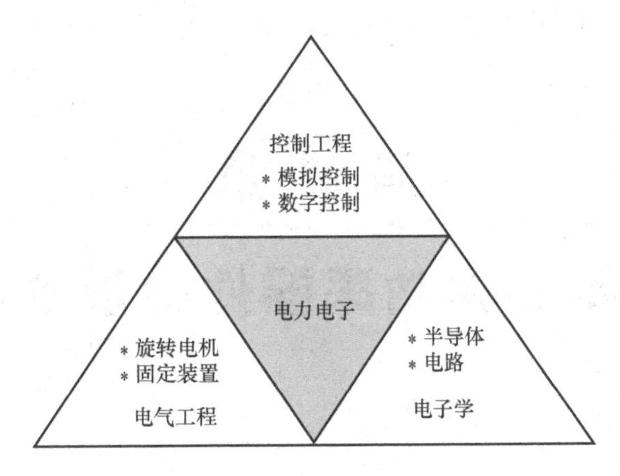

图 2.1　电力电子的概念图

之前，交通运输部门的能源消耗也呈稳定增长趋势，但是自从以丰田汽车的“普锐斯”为首的混合动力汽车、东海道新干线的“希望”车辆为首的逆变器驱动的铁路车辆大量导入之后，这一增长的趋势已经停止。另一方面，在商业领域和家庭领域，由于追求便利性和舒适性，业务形式的多样化和机器的增加，能源消耗持续增加。2011 年东日本大地震后，核电厂停工导致电力供应长期短缺，在热电替代核电的情况下油价飙升，除了通过应用电力电子技术实现节能，以及使用可再生能源外，还要求电力电子设备自身能够进一步节省能源。

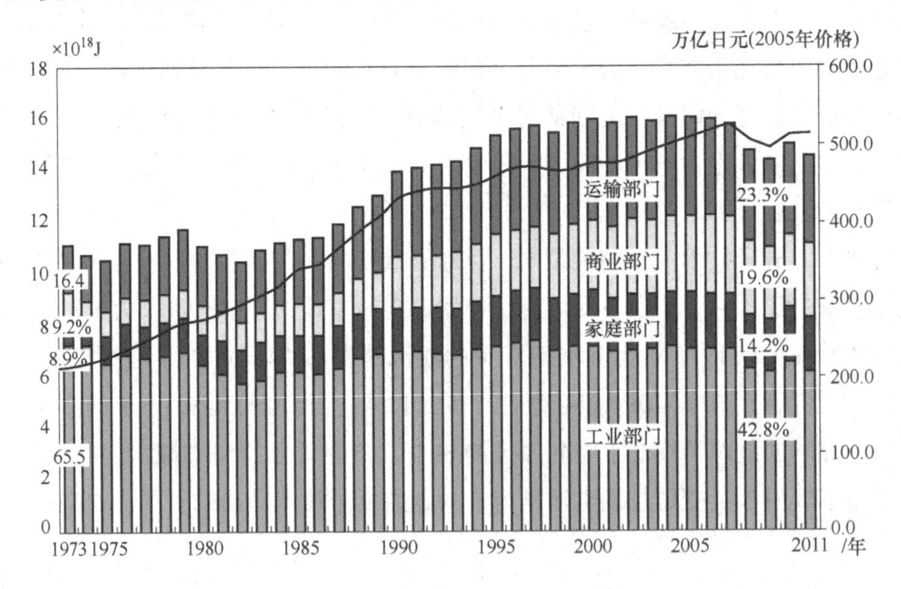

图 2.2　日本的能源消耗和 GDP 趋势

如上所述，电子、电力工程/电气设备和控制工程这三个技术领域的均衡发展对于电力电子学的发展至关重要。以电机驱动为例，稀土磁体的使用可以减小同步电机的尺寸、重量和损耗，但是为了实现高性能，需要电压/电流和转子位置传感器，由处理器利用传感器信息做矢量控制运算[3]，以及实现控制操作的功率设备。为了获得更高的效率和可控性，需要提高电路电压，减小电流，并提高开关速度和频率。但是后面会讲到，要满足这些要求并减小传导损耗，对于使用硅半导体的功率器件来说已经接近自身极限。此外，就高频开关操作来说，开关速度的增加和开关损耗的减小也已达到其极限。因此，人们正在研究应用诸如 SiC 的宽禁带半导体的功率器件，并开发相应的半导体材料、工艺和器件。后面将会详细介绍，与使用硅半导体的功率器件相比，使用诸如 SiC 等宽禁带半导体的功率器件有望同时改善电气性能和热性能。但是，为了有效利用功率器件的性能，必须具备能够充分发挥其潜能的工作环境，也就是说能够承受外加高电压和内部产生的高温，以及在高速开关操作条件下也不产生浪涌电压的寄生参数低的封装方式。此外还需要提供满足这些工作条件的电力变换系统的元件，例如电容、电感、电路板、母排布线等。下面将描述以 SiC 为首的宽禁带半导体的基本特性及其功率器件的现状，然后概述为了发挥其特性所必须解决的封装课题。

2.2 宽禁带半导体的特性和功率器件

半导体在教科书中被描述为介于导体和绝缘体之间具有中间属性的材料。在放大器等模拟电路中，利用的正是这一折中特性。但在逆变器和变流器等电力变换电路中，利用的是半导体导通（开）和截止（关）这两种状态，由于中间状态易引起开关损耗，因此应当尽量避免。也就是说，半导体功率器件在电力变换电路中通过电子控制开关保持导通/截止状态或执行状态转换。在截止状态下，阻断电源和负载施加的电压，而在接通状态下，则允许来自电源和负载的电流流动。此外，在导通和截止之间过渡时，由于元件或布线的寄生电感或电容，电压或电流会超过其稳态值。如上所述，在处理大功率的电源电路和负载过程中，为了减少布线等的传导损耗，人们正在转向更高的电源和负载电压，因此需要提高电力变换电路中使用的功率器件的耐压。

功率器件在关断状态下，所受电压主要由杂质浓度相对较低的部分（称为漂移层）承担。以肖特基势垒二极管为例，图 2.3 所示为单边阶跃结的器件结构和关断状态下漂移层的电场分布。在功率器件的截止状态下，对半导体的结施加反向偏置电压，掺杂在半导体中的杂质电离形成耗尽层。外加电压 V、电场强度 E 和电荷密度 ρ 符合式（2.1）所示的泊松关系。

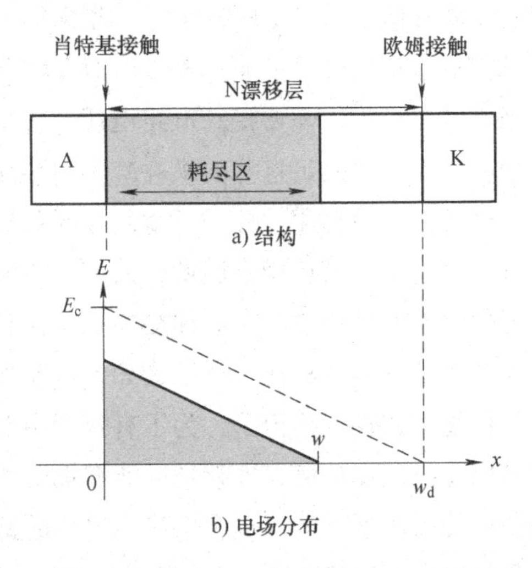

图 2.3　肖特基势垒二极管的结构和关断状态下的电场分布

$$\frac{d^2V(x)}{dx^2}=\frac{dE(x)}{dx}=-\frac{\rho(x)}{\varepsilon_s} \tag{2.1}$$

式中，ε_s为介电常数。

假设漂移层掺杂浓度 N_d均匀［$\rho(x)=N_d$］，则图 2.3a 所示的电场强度 E 随着到结面（$x=0$）的距离 x 线性增加。也就是说，耗尽层中的电场不均匀，并且图 2.3b 中所示的电场下的总面积等于外加电压 V。

假设耗尽层宽度为 w，它与外加电压 V 的关系为

$$w=\sqrt{\frac{2\varepsilon_s V}{eN_d}} \tag{2.2}$$

可以看出，耗尽层宽度与外加电压 V 的二次方根成正比。电场强度 E 的最大值处于结面（$x=0$），当其达到半导体的击穿场强 E_c时，漂移层即被击穿。此时施加的电压即为击穿电压 V_{bd}，由式（2.3）给出。

$$V_{bd}=\frac{\varepsilon_s}{2eN_d}E_c^2 \tag{2.3}$$

从式（2.3）可以看出，通过减小漂移层的杂质浓度 N_d，可以在击穿场强 E_c不变的情况下增加击穿电压 V_{bd}。必须注意的是，漂移层也是导通状态下的电流的路径。肖特基势垒二极管是多子器件，导通状态下传导电流的是掺杂杂质

引发的载流子。也就是说，漂移层中参与导电的载流子密度等于掺杂杂质浓度 N_d。在多数载流子器件的导通状态下，漂移层的导通电阻 R_{on}、杂质浓度 N_d、载流子迁移率 μ、漂移层厚度 w_d 和漂移层面积 A 符合式（2.4）。

$$R_{on}=\frac{w_d}{\mu e N_d A}=\frac{4V_{bd}^2}{\mu\varepsilon_s A E_c^3} \tag{2.4}$$

也就是说，降低杂质浓度 N_d，导通电阻 R_{on} 会呈反比增加。在漂移层面积 A 和击穿场强 E_c 相同的条件下，导通电阻 R_{on} 与耐压 V_{bd} 的二次方成正比。因此，对于高耐压肖特基势垒二极管，需要减少漂移层的导通电阻 R_{on} 造成的损失。由于导通电阻 R_{on} 与击穿场强 E_c 的三次方成反比，所以使用击穿场强 E_c 大的半导体材料可以降低高击穿电压下的导通电阻 R_{on}。这是宽禁带半导体受到关注的原因。表 2.1 为 Si 和 SiC（4H）、GaN 和金刚石等宽禁带半导体材料特性。SiC、GaN 和金刚石的禁带宽度约为 Si 的 3 倍或更多，因此被称为宽禁带半导体。除金刚石以外，表 2.1 中所示的宽禁带半导体的迁移率 μ 略低于 Si，但击穿场强 E_c 比 Si 大 10 倍左右。如上所述，多子器件的导通电阻与击穿电场强度 E_c 的三次方成反比，那么使用宽禁带半导体，击穿场强 E_c 是 Si 的 10 倍，因此杂质浓度 N_d 可以增加 10 倍，漂移层宽度 w_d 可以减小到原来的 1/10，而导通电阻 R_{on} 可以降到原来的 1/1000。

表 2.1　半导体材料的物理特性值

材料	Si	SiC（4H）	GaN	金刚石
禁带宽度/eV	1.12	3.26	3.39	5.47
电子迁移率 μ/[cm²/(V·s)]	1400	1000/850	900	2200
击穿场强 E_c/(kV/cm)	300	2500	3300	10000
热导率 λ/[W/(cm·K)]	1.5	4.9	2	20
相对介电常数 ε	11.8	9.7	9	5.5
单晶生长	◎	○	△	▽
外延生长	◎	○	△	▽

图 2.4 所示为根据每个半导体材料的物理特性值计算得到的导通电阻 R_{on} 和击穿电压 V_{bd} 之间的关系。从图 2.4 可以看出，与常规的 Si 半导体相比，SiC、GaN 和金刚石的导通电阻一个比一个小。但是，从制造功率器件的难易程度来说，也是一个比一个困难。

垂直和水平类型之间的差异很难用结构简单的二极管来说明，但对于诸如 MOSFET 之类的晶体管而言，两种结构却有很大的不同，在教科书中，经常使

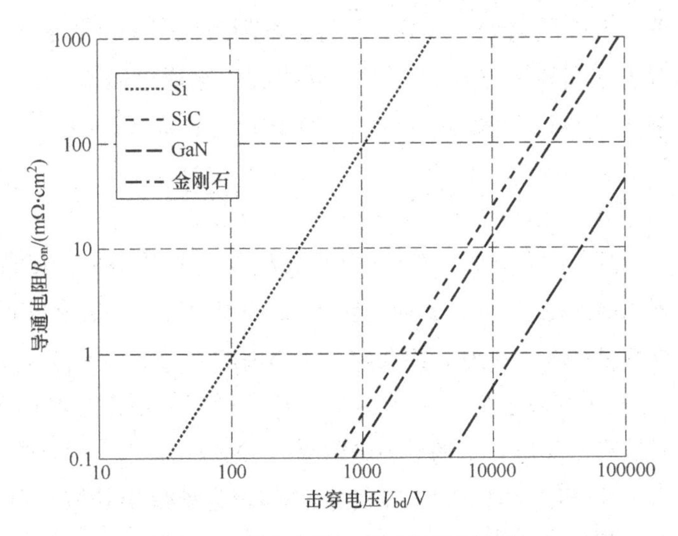

图 2.4 击穿电压与导通电阻的关系

用图 2.5a 所示的水平结构来解释 FET 结构。另一方面，功率器件经常使用图 2.5b 所示的垂直结构。垂直结构的特征在于，在器件中流动的电流与产生的损耗的热流的方向一致，从而有利于散热，并且可以轻松地提高击穿电压[6]。但是，垂直结构通常需要整个器件都是相同的半导体材料，因此必须有低缺陷的块状单晶。对于 SiC，已经开发了低晶体缺陷的 6in 块状单晶，可用于器件制造。GaN 和金刚石的大块单晶正处于研发阶段。另外，制造器件必需的外延也是长在从块状单晶切下的晶圆上。但对 GaN 半导体而言，因为主要使用后面所述的横向结构，所以不受此限制。

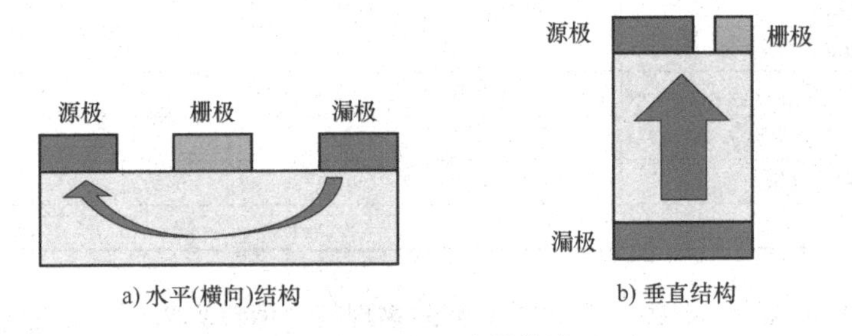

图 2.5 FET 的基本结构类型

2.3 功率器件的性能指数

为了直观评估半导体材料的综合物理性质对于功率器件的优越性，人们使用品质因数作为功率器件材料的性能指数。表 2.2 列出了以硅半导体为基准的每个宽禁带半导体的品质因数。

表 2.2　半导体材料的性能指标

材料	Si	SiC（4H）	GaN	金刚石
BFOM（巴利伽指数）	1	340	653	27128
BHFFOM（巴利伽高频指数）	1	50	78	1746
HMFOM（黄氏最小损失指数）	1	7.5	8.0	23.8
HCAFOM（黄氏管芯面积指数）	1	65.9	61.7	220.5
HTFOM（黄氏热指数）	1	0.6	0.1	1.7

每个品质因数的含义解释如下（名称与表中可能有所不同，原文如此）：

1）**约翰逊指数**（JFOM）[7]表征低电压和低频放大器电路中使用的晶体管的截止频率以及耐压性能。

$$\mathrm{JFOM}=\frac{E_c v_s}{2\pi} \tag{2.5}$$

式中，v_s为饱和漂移速度。

2）**基斯指数**（KFOM）[8]表征集成电路中开关晶体管的热极限。

$$\mathrm{KFOM}=\lambda\sqrt{\frac{c v_s}{4\pi\varepsilon}} \tag{2.6}$$

式中，c 为光速；ε 为半导体的介电常数；λ 为热导率。

3）**巴利伽指数**（BFOM）[9]表征低 FET 传导损耗的材料参数。因为只考虑了传导损耗，所以适用于传导损耗占主导地位的低频开关电路。

$$\mathrm{BFOM}=\varepsilon\mu E_g^3 \tag{2.7}$$

式中，μ 为电子迁移率；E_g为半导体的禁带宽度。

4）**黄氏材料指数**（HMFOM）[10]考虑了巴利伽指数中未考虑的开关损耗。它用到了开关损失计算公式中的分母项。

$$\mathrm{HMFOM}=E_c\sqrt{\mu} \tag{2.8}$$

5）**黄氏管芯面积指数**（HCAFOM）[9]表达的是随着面积增加而减小的传导损耗和随着面积增加而增大的开关损耗之间的权衡。它用到器件最佳面积计算公式的分母中包含的项。

$$\mathrm{HCAFOM}=\varepsilon\sqrt{\mu}E_c^2 \tag{2.9}$$

6）**黄氏温度指数**（HTFOM）[10]表示在采用尽量降低损耗的最佳器件面积

时，器件的最大温升。

$$\mathrm{HTFOM}=\frac{\lambda}{\varepsilon E_{c}} \tag{2.10}$$

以上品质因数都是用于半导体材料的。对于实际的晶体管器件，其开关操作的品质因数如下。

7）**巴利伽高频指数**（BHFFOM）[9]是考虑到功率器件的开关损耗而具有频率量纲的指数，代表了器件设计中栅极驱动电流的损失。

$$\mathrm{BHFFOM}=\frac{1}{R_{\mathrm{on,sp}}C_{\mathrm{in,sp}}} \tag{2.11}$$

式中，$R_{\mathrm{on,sp}}$为比导通电阻；$C_{\mathrm{in,sp}}$为比输入电容。

8）**新高频指数**（NHFOM）[11]是主电路电流开关损耗的指标。

$$\mathrm{NHFOM}=\frac{1}{R_{\mathrm{on,sp}}C_{\mathrm{oss,sp}}} \tag{2.12}$$

式中，$C_{\mathrm{oss,sp}}$为比输出电容。

9）**黄氏器件指数**（HDFOM）[10]表示开关操作中的密勒效应导致的栅极驱动损耗。

$$\mathrm{HDFOM}=\sqrt{R_{\mathrm{on,sp}}Q_{\mathrm{gd,sp}}} \tag{2.13}$$

式中，$Q_{\mathrm{gd,sp}}$为比密勒电荷。

以上讨论的品质因数适用于多子器件。由于硅的击穿场强低，MOSFET 和 SBD 等利用多数载流子的单极器件，耐压只能达到200V 左右，再高则会使得导通电阻过大而失去实用意义。漂移层具有超结结构的 MOSFET，可以在 600V 左右的耐压下保持较低的导通电阻。当击穿电压为 600V 或更高时，一般使用 IGBT 或 PiN 二极管等利用少数载流子的双极型器件。下面描述高耐压的双极型硅功率器件，然后与单极型碳化硅功率器件进行比较。

在截止状态下，无论双极型结构还是单极型结构，漂移层都处于耗尽状态不导电。但是，如上所述，由于硅半导体的击穿场强较低，因此为提高击穿电压需要降低掺杂浓度，多子传导的电阻和损耗都很大。在双极型器件中，漂移层与掺杂类型相反的区域相连。一般是掺杂浓度低的 n^- 漂移层与 p 层相接。n^- 层中掺杂杂质电离产生的电子为多数载流子，数量极少的空穴为少数载流子。在截止状态下，耗尽层从结面处向两侧的 n 层和 p 层延伸。而在导通状态下，空穴从 p 层注入 n^- 层。由于 n^- 层中掺杂杂质的浓度低，作为载流子的电子数量较少，从 p 层注入的空穴的数量超过了电子数量，成为主要的导电载流子。

因此，在 n^- 漂移层中，大量注入的少数载流子参与导电，大大降低了电阻，这种现象称为电导调制效应，可以降低硅半导体高压功率器件的导通损耗。图 2.6 显示了室温下二极管和晶体管的正向电压-电流特性。图 2.6a 所示的二极管中，作为单极器件的碳化硅肖特基势垒二极管（SiC SBD）通过肖特基势垒实现整流特性，因此正向导通时有一个启动电压，其正向导电特性类似于具有 pn 结势垒的 Si PiN 二极管。而在图 2.6b 所示的晶体管中，由于 SiC MOSFET 导通时没有 pn 结，所以没有启动电压，电流与正向电压成正比。另一方面，由于 Si IGBT 利用 pn 结的电导调制，因此会出现结势垒导致的启动电压。在小电流输出的情况下，启动电压引起的导通损耗不能忽略。

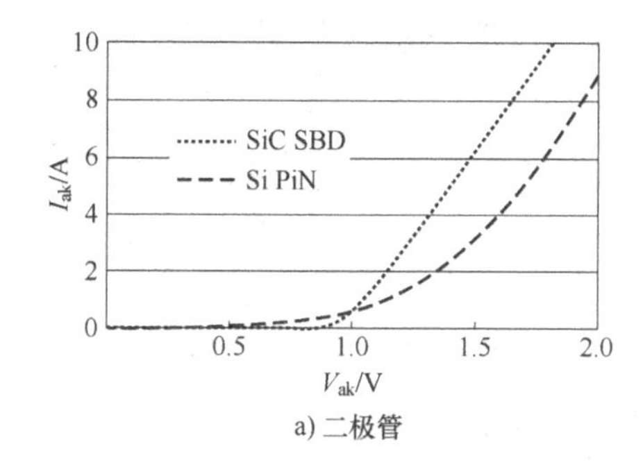

a) 二极管

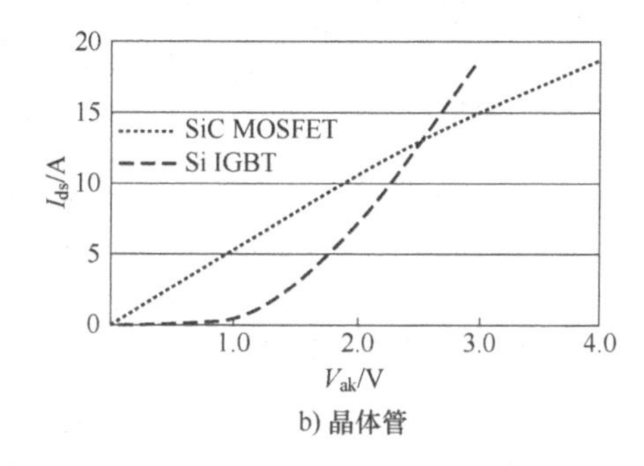

b) 晶体管

图 2.6　正向电压-电流特性

图 2.7 显示了不同工作温度下的二极管的电压-电流特性。根据式（2.14）所示的电流 I_d 与二极管的结势垒 V_d 的关系，随着温度升高，启动电压降低。二极管的端电压 V_t 可以表示为结势垒 V_d 和导通电阻 R_s 引起的电压降的总和。

$$I_d = I_0(e^{-\frac{qV_d}{nkT}} - 1) \tag{2.14}$$

$$V_t = V_d + R_s I_d \tag{2.15}$$

式中，I_0 为饱和电流；q 为单位电荷；n 为发射系数；k 为玻尔兹曼常数。

由于载流子的迁移率随温度升高而降低，因此电阻 R_s 变大。在图 2.7b 中，SiC 肖特基势垒二极管在高温下的电压-电流曲线的斜率变小。随着温度的升高，注入的少数载流子与多数载流子复合消失之前的寿命变长，导致电阻降低。因此，如图 2.7a 所示，在作为双极型器件的 Si PiN 二极管中，随着温度的升高，载流子迁移率降低导致的电阻增加和载流子寿命增加导致的电阻降低互相抵消，电压-电流曲线的斜率几乎不变。温度对 MOSFET 和 IGBT 导通电阻的影响分别与肖特基势垒二极管和 PiN 二极管的情况类似。

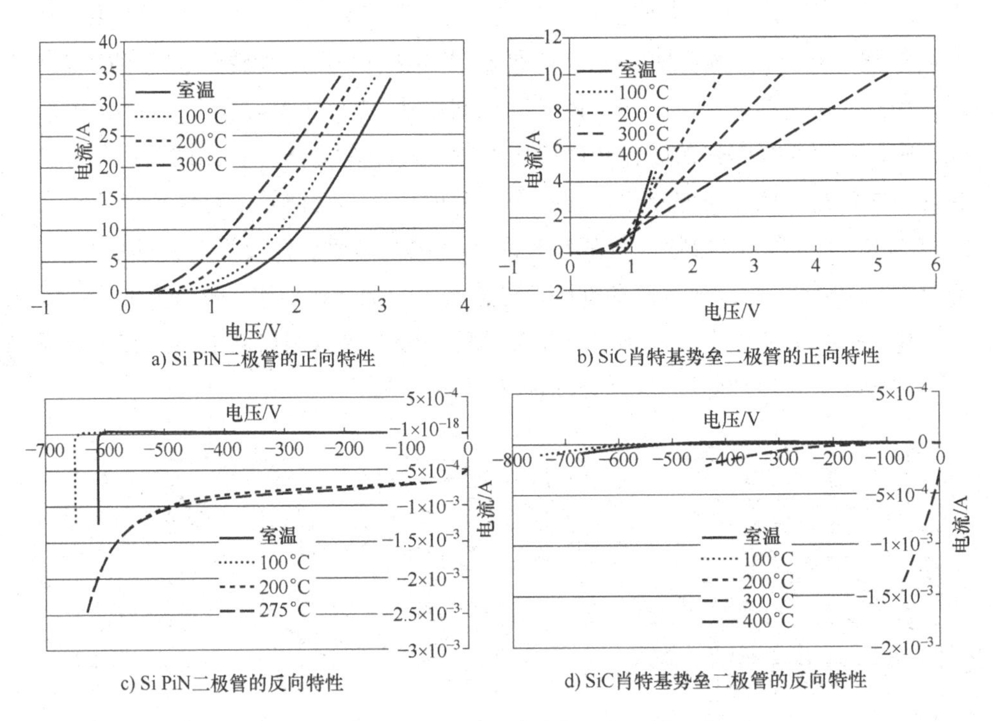

a) Si PiN二极管的正向特性

b) SiC肖特基势垒二极管的正向特性

c) Si PiN二极管的反向特性

d) SiC肖特基势垒二极管的反向特性

图 2.7　不同温度下的电压-电流特性

以上描述的是硅半导体的高压双极型器件和碳化硅半导体单极型器件的静态特性，下面转向二者的开关特性。功率器件从截止状态转为导通状态的操作称为“开（通）”。二极管通过施加正向偏置电流实现导通，晶体管的导通则是在源漏极间施加正向偏置电压的情况下，将栅极电压增加到阈值电压以上，或者在栅极电压高于阈值电压的情况下，在源漏极间通过正向电流。对于导通操作，单极型和双极型器件之间的不同在于是否存在电导调制，但是电压-电流响应并无显著差异。另一方面，在从导通状态转变为截止状态的关断操作中，单极和双极器件之间则存在较大差异。下面分别描述二极管和晶体管的关断操作。

在图 2.8 所示的二极管钳位的电感负载电路中，用所谓硬开关的方式关断二极管中的电流。图 2.9 ~ 图 2.11 显示了二极管关断期间的电流响应。当电流流过二极管时导通晶体管，二极管中的电流会流过晶体管。理想的情况是二极管中电流下降为零的时刻，关断操作结束；但是实际上，会有一个反向过冲的恢复电流，然后才衰减到零，完成关断操作。而单极型和双极型器件的反向恢复电流的瞬态行为有很大的不同。晶体管的导通速度决定了二极管关断时的电流变化率 di/dt，图 2.9 显示不同的关断 di/dt 下的电流响应。对于图 2.9a 中的双极型器件 Si PiN 二极管，随着 di/dt 的增加，其反向恢复电流显著增加。随着 di/dt 的增加，正向电流首次降到 0 所需的时间减少，因此注入漂移层的少数载流子与多数载流子复合的时间也减少了。为了使漂移层变为截止状态，需要去除未复合的积累的少数载流子，因此，di/dt 越大，需要去除的少数载流子就越多。这表现为反向电流的增加。在作为多子器件的 SiC 肖特基势垒二极管中，仅需去除漂移层的多数载流子即可使之耗尽层而处于截止状态。由于耗尽层的宽度，或者说必须清除的多数载流子的数量由施加的反向偏置电压决定，因此反向恢复电流几乎不受 di/dt 影响，如图 2.9b 所示。

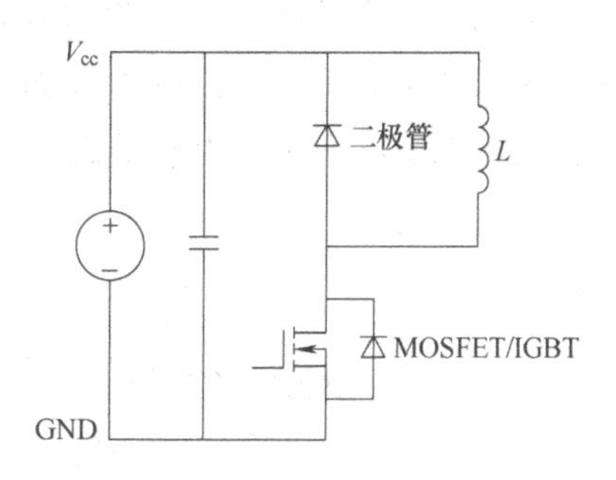

图 2.8　二极管钳位电感负载电路

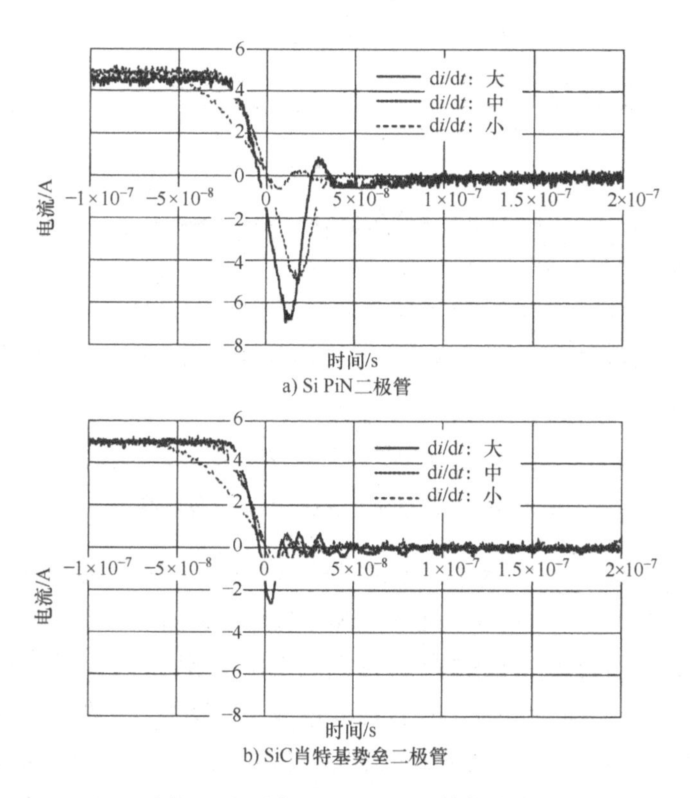

图 2.9　不同 di/dt 下的反向恢复曲线

在 Si PiN 二极管中，注入漂移层的少数载流子与正向电流成正比。这也增加了关断大电流时必须移除的少数载流子数量。如图 2. 10a 所示，反向恢复电流的最大值随着正向电流的增加而增加。另一方面，在 SiC 肖特基势垒二极管中，如图 2. 10b 所示，没有载流子注入到漂移层中，因此最大反向恢复电流与正向电流无关。

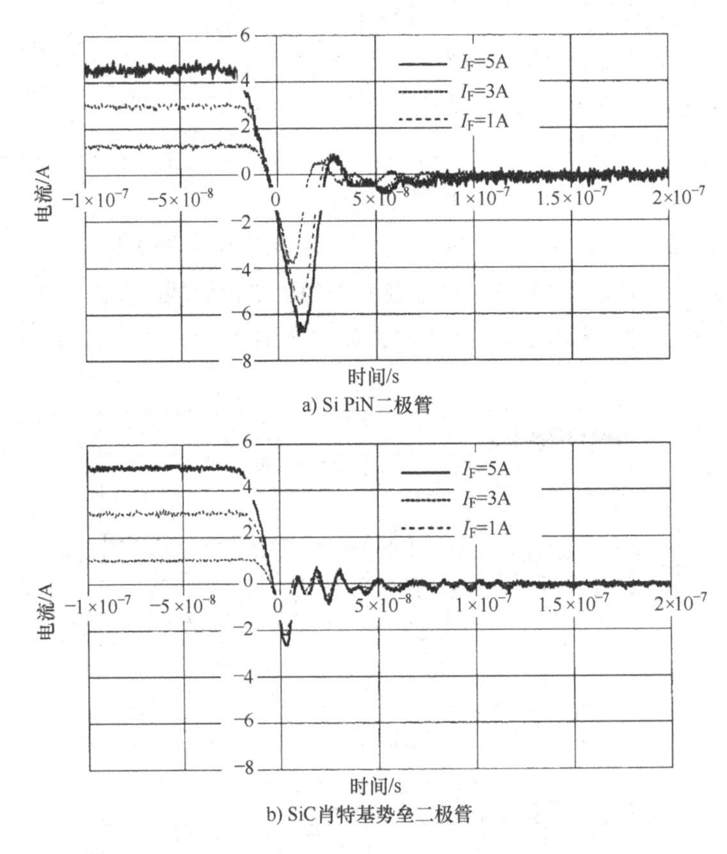

a) Si PiN二极管

b) SiC肖特基势垒二极管

图 2. 10　不同正向电流下的反向恢复曲线

如静态特性部分所述，双极型器件中少数载流子的寿命随着温度的升高而变长。因此，如图 2. 11a 所示，在 Si PiN 二极管中，随着温度的升高，累积的少数载流子的数量增加，在正向电流和电流变化率相同的情况下，反向恢复电流也会变大。另一方面，由于 SiC 肖特基势垒二极管是多子器件，因此在高温下，需要耗尽的多数载流子的数量也不会发生变化，如图 2. 11b 所示，反向恢复电流并无增加。如上所示，高压 Si PiN 二极管在 di/dt、正向电流和温度等关断条件变得严格时，反向恢复电流会变大。而使用 SiC 肖特基势垒二极管则可以解决这一问题。

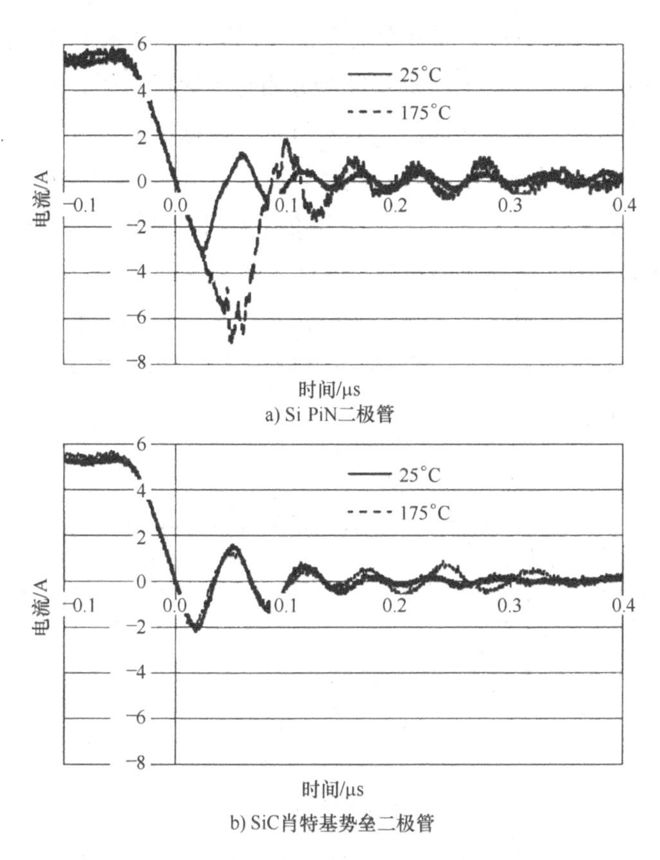

图 2. 11　不同温度下的反向恢复曲线

接下来，考虑二极管关断的反向恢复电流对开关损耗的影响。反向恢复电流达到峰值后，二极管的阳极电压开始上升。因此，当反向恢复电流变大时，电压乘电流得出的功率和功率对时间积分得出的能量也变大。另一方面，关断二极管是由晶体管的开通实现的，在此过程中，直到二极管的电压上升之前，该晶体管都要承受电源电压。因此在二极管开始截止之时，晶体管在导通过程中流过电流，并消耗大量功率。由于二极管的反向电流即为晶体管的正向电流，所以晶体管的损耗随着二极管反向电流的增加而增加。因此，应用 SiC 肖特基势垒二极管减小二极管反向恢复电流，也显著减小了晶体管中的开关损耗。由于这些优点，现已开发出一种混合模块，使用 SiC 肖特基势垒二极管作为 Si IGBT 的续流二极管[12,13]。

接下来讨论晶体管的关断。MOSFET 是单极型器件，流经沟道的电流即为漏极电流。因此，如图 2. 12a 所示，栅极驱动电路将栅极电压降低到阈值电压以下，使沟道消失并且 SiC MOSFET 的漏极电流也停止流动。另一方面，IGBT 的结构相当于一个 MOSFET 驱动 PNP 双极型晶体管的基极。通过将栅极电压降低到阈值电压以下，MOSFET 部分中的沟道电流消失，注入 PNP 型晶体管基极部分的电流消失。然而，由于注入基极部分的是少数载流子，它们与多数载流子复合形成基极电流。因此，如图 2. 12b 所示，在基极残留的少数载流子消失之前，集电极会呈现一个拖尾电流。此时，由于 IGBT 的集电极电压已经升高，因此会出现一个损耗，大小等于电压和电流的乘积。另外，由于要等到拖尾电流变为零时才算完成，所以关断过程的时间变长。如上所述，在高电压 Si IGBT 中，由于累积的少数载流子的影响，关断拖尾电流会引起关断损耗和关断时延加长。通过使用 SiC MOSFET，可以解决少数载流子引起的现象。在这里，将静态特性和动态特性结合在一起考虑。

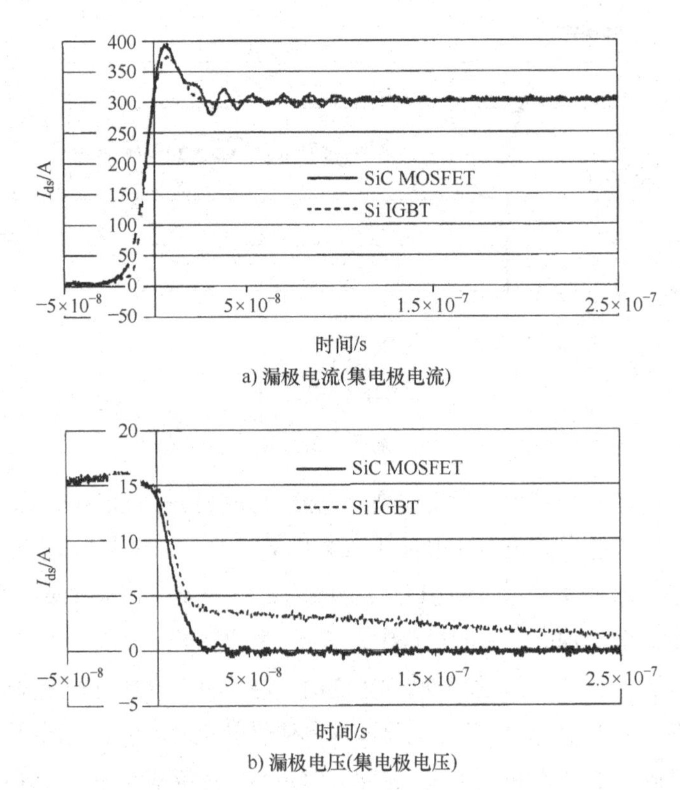

a) 漏极电流(集电极电流)

b) 漏极电压(集电极电压)

图 2. 12　MOSFET、IGBT 的关断过程[⊖]

碳化硅等宽禁带半导体材料的击穿电场强度比硅半导体高大约一个数量级，

⊖ 此处的图 2. 12a 和 b 的名称似乎颠倒了，a 图应为漏极电压（集电极电压），b 图应为漏极电流（集电极电流）。另外 a 图的纵坐标应为 V_{ds}/V。——译者注因此在高压功率器件中，可以减少漂移层的厚度，增加杂质浓度。由漂移层的耗尽部分形成的，以 $C=\dfrac{\Delta Q}{\Delta V}$ 定义的微分电容，是功率器件端子间表现出来的电容。因此，高掺杂宽禁带半导体功率器件中，由耗尽层导致的端子间电容往往较大。由于比导通电阻小，所以可以缩小器件面积，但是在端子间电容与导通电阻之间需要作出折衷。在这里，对额定电压和电流比较接近的 SiC 肖特基势垒二极管（600V、6A、SDP06S60、Infineon 公司制造）和 Si PiN 二极管（600V、8A、HFA08TB60、IR 公司制造）做一个比较。SiC 肖特基势垒二极管的数据为 $Q_c=21\text{nC}$，$C_{j0}=260\text{pF}$，而 Si PiN 二极管为 $Q_{rr}=65\text{nC}$，$C_{j0}=100\text{pF}$。换句话说，作为单极型器件的 SiC 肖特基势垒二极管，其 Q_c 仅由耗尽层的多数载流子的电荷量决定，其值小于包含少数载流子的 Si PiN 二极管的反向恢复电荷 Q_{rr}。另一方面，由于漂移层的杂质浓度高，所以零偏压下的端子间电容 C_{j0} 较大。图 2.13 显示了该 Si PiN 二极管和 SiC 肖特基势垒二极管在不同反向偏置电压下的端子间电容。SiC 肖特基势垒二极管在额定电压范围内具有更大的端子间电容[14]。因此，SiC 肖特基势垒二极管在关断时的反向恢复电荷比较少，但需要耗尽的电荷量却很大，虽然没有反向恢复现象，但是在关断时要花费很长时间清除多数载流子电荷。

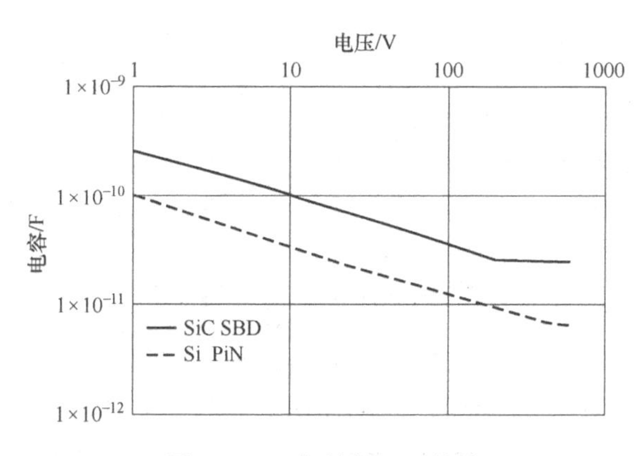

图 2.13 二极管的 C-V 特性

图 2.14 显示不同电压下 SiC MOSFET 和 Si IGBT 端子间的电容[15,16]。图 2.14b 所示的输出电容 C_{oss} 是栅极-漏极电容 C_{gd} 和漏极-源极电容 C_{ds} 的总和，在零偏压下，不同器件类型之间几乎没有差异；但当漏极电压 V_{ds} 升高时，漂移层杂质浓度高的 SiC MOSFET 的输出电容降低的程度小一些。因此，与二极管的情况类似，关断时的电压上升速度也减慢[17]。MOSFET 和 IGBT 都具有 MOS 栅极，根据所施加的栅极电压的不同，栅极下方会处于耗尽、反转和累积等不

同状态。关于栅极驱动，如图 2. 14c 所示，就输入电容 C_{iss} 相对于栅极电压 V_{gs} 的变化幅度来说，不同器件之间的差别不大。不过 SiC MOSFET 的输入电容相对于栅极电压的变化率更低。也就是说，施加栅极电压时，在 SiC MOSFET 中反型层的形成较慢。同样地，在晶体管的开关过程中，图 2. 14a 所示的密勒电容 C_{rss} 主要为漂移层的耗尽层电容，该电容会影响截止和导通状态之间的饱和区中的栅极驱动能力。杂质浓度高的 SiC MOSFET 电容更大。出于这个原因，可以认为由于密勒效应，SiC MOSFET 的栅极驱动消耗的功率更大，但是由于从静态 V_{gs}-I_{ds} 特性得出的跨导较低，因此目前这还不是问题。

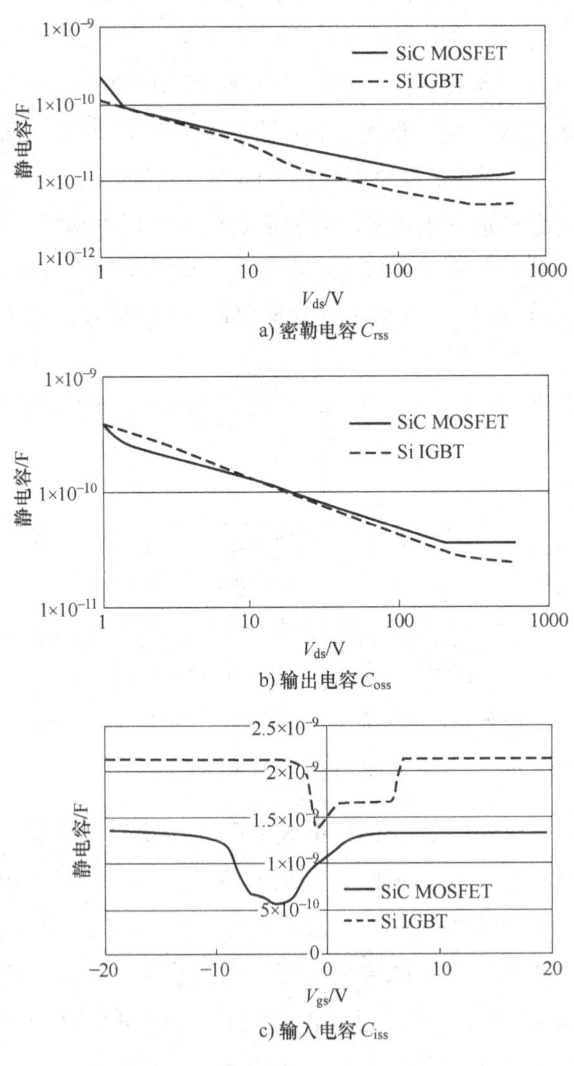

a) 密勒电容 C_{rss}

b) 输出电容 C_{oss}

c) 输入电容 C_{iss}

图 2. 14　晶体管的 C-V 特性

最后讨论一下 SiC 器件的高温工况。对于功率器件，除了导通电阻外，反向电压和漏电流也很重要。禁带宽度大的 SiC 和 GaN 之所以能够在高温下工作，是因为高温下漏电流并无显著增加。但是高温下 MOS 薄膜的寿命缩短，因此人们认为 JFET 更优越。根据图 2. 7b 和图 2. 15a 所示的正向传导特性，SiC 肖特基势垒二极管和 SiC JFET 可以在高温下实现正向传导[18-20]。但由于是单极型器件，故它们的导通电阻和传导损耗都随温度升高而增加。同样，如图 2. 7d 和图 2. 15b 所示，漏电流也随着温度的升高而逐渐增加。因此，图 2. 7c 所示的 Si 器件在 300℃这样的高温下也无法维持截止状态，尽管半导体开关的导通截止功能仍在，但由于导通损耗和漏电流太大，因此没有实用意义。在 200 ~ 250℃的温度范围内，漏电流的增加还不是特别大，还可以充分使用器件。还应注意的是，晶体管的栅极阈值电压在高温条件下会下降。

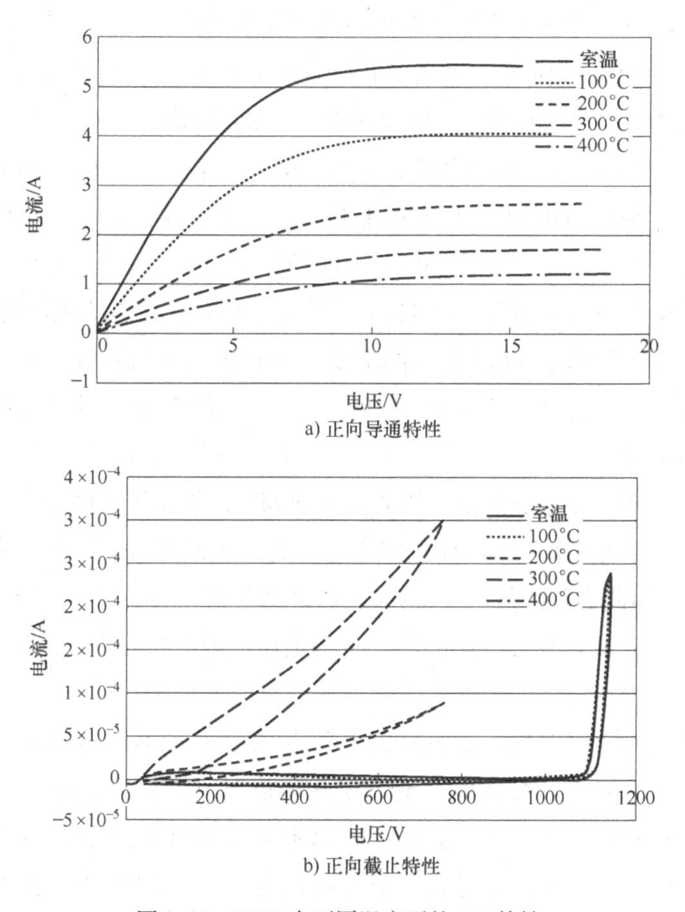

图 2. 15 JFET 在不同温度下的 I-V 特性

2.4 其他宽禁带半导体功率器件的现状

就 GaN 半导体功率器件而言，垂直结构功率器件的前提是衬底材料，而如上所述低缺陷的单晶体材料还处于研发阶段。不过可以在 SiC、蓝宝石和 Si 衬底上异质外延生长 GaN 半导体，因此主要开发的是水平结构的功率器件。在功率器件中，通常首先研发二极管，但对于 GaN，却是晶体管先行，现在主要推进高电子迁移率晶体管（High Electron Mobility Transistor，HEMT）结构的开发[21,22]。由于 HEMT 结构的通道载流子迁移率较高，因此已被用于 GaAs 半导体射频功放中，但是因为它在面积较小时也可以充分降低导通电阻，所以也有望应用于功率器件中。由于面积减少，所以输入电容 C_{iss} 和反馈电容（即密勒电容）C_{rss} 也较小，可以实现高速栅极驱动和开关操作。因此，已有报道称在诸如 13.56MHz 的 ISM 频段中，利用了其高频开关特性[23]。虽然最初存在诸如电流崩塌等载流能力退化的问题，但现在看来已经基本解决。另外的问题是，作为宽禁带半导体，GaN 可以在高温下工作，但是如果器件做在 Si 衬底上，则不能充分发挥其特长。HEMT 结构本质上是常开模式，在没有施加栅极偏置电压时，二维电子气的沟道也存在。在电力电子应用领域，为了避免在有电时发生短路，通常倾向使用常关型功率器件。因此，人们也在考虑研发常关型 GaN HEMT 器件，以及串联一个常关型低压 Si MOSFET 的垂直级联（cascode，共源共栅）配置，但常关型 GaN HEMT 器件的导通电阻较大，需要设法降低。此外，由于栅极阈值电压低，因此在开关时需要考虑栅极电压的抗噪问题。对于 cascode 配置，由于串联插入低耐压的 Si MOSFET，所以导通电阻不可避免地会略微增加。在高速开关时，布线的寄生电感会产生浪涌电压，施加到串联的 Si MOSFET 上，因此必须降低 cascode 布线的寄生电感。由于 GaN HEMT 部分的栅极驱动取决于 Si MOSFET 部分的漏极-源极电压，因此存在难以调节开关速度的问题。

关于金刚石功率器件，目前只能得到直径很小的单晶衬底，因此需要促进大尺寸单晶的制备。与其他宽禁带半导体情况不同的是，已经开发了一种像马赛克结构的拼合小衬底的方法[24]，还报道了使用该衬底的 p 型肖特基功率二极管器件。其工作温度越高，导通电阻越低，原因是缺陷和被困在能级中的载流子在高温下被激活。尽管可以在较小的面积内确保器件的击穿电压，但随着面积的增加，漏电流也会增加，因此需要进一步的研发才能进入实用阶段。

2.5　宽禁带半导体封装技术的挑战

功率器件的封装技术与功率器件的开发紧密相关。特别是在中高压应用中，由于Si半导体功率器件的性能已经达到极限，因此SiC之类宽禁带半导体功率器件的开发受到大力推动。要发挥宽禁带半导体的优越性，封装技术非常重要。由于宽禁带半导体击穿场强高，高电压的跨距很短，所以就封装而言，这意味着功率器件的塑封绝缘材料要承受很高的局部电场。此外，由于其优势在于低导通电阻，所以用于导出电流的引线和连接端子也需要低电阻。使用宽禁带半导体，高电压功率器件也可以使用MOSFET和肖特基二极管等单极型器件。由于单极型器件不受累积的少数载流子的影响，因此可以进行高速开关操作，所以设计电路布线时，必须减少其寄生参数。此外，由于禁带宽度大，所以可以在高结温下工作。已有在400℃以上的温度下工作的报道，这比常规的Si器件的150～200℃的温度高得多。就系统重量、体积、成本和热管理而言，高温工况是有利的，但是必须确保芯片贴装和密封材料在高温下的可靠性。此外，宽禁带半导体的高热导率可以减小器件芯片的热阻，因此，封装的散热效率也成为一个问题。还有，为了增加功率转换系统的功率密度，必须实现功率模块的集成。换句话说，系统级封装（System In Package，SIP）要求模块不仅要包含主电路开关器件，而且还一起封入具有不同功能的多个部件，例如栅极驱动器、电压/电流传感器、保护电路和缓冲电路等。通过采用宽禁带半导体，可以在相同电流水平下减小功率器件的芯片尺寸，但这也增加了热密度。这意味着必须通过封装有效地散发功率器件芯片产生的热量。另外，在SIP的情形下，必须注意功率器件产生热量导致的温度升高对外围栅极驱动器等的影响，其设计和应用必须使其工作温度在规格范围内。如上所述，利用宽禁带半导体，必须同时认真考虑功率器件的电特性和热特性。因此，对于封装和安装，有必要开发与这些热特性和电特性兼容的材料和结构。

当前，在使用Si半导体的功率器件的分立器件和功率模块中，无铅焊料和环氧树脂已经用于功率器件的芯片贴装和密封。但是，这些材料不足以满足宽禁带半导体功率器件的高温等极端工况应用需求。对贴装材料要求熔点在300℃以上，对于密封树脂材料，为了降低热阻，则需要提高AlN等填充料的比例，以求从贴装表面和器件表面都能增强散热，同时还要保持黏附强度。

如上所述，为了发挥 SiC 等宽禁带半导体功率器件的潜力，封装技术的支持，器件、电路、系统配置以及协作技术的开发都是很重要的。

参考文献

[1] W. E. Newell, "Power Electronics-Emerging from Limbo", Proc. 1st PESC, pp. 6-12 (1973).

[2] 資源エネルギー庁,「平成 25 年度エネルギーに関する年次報告（エネルギー白書 2014)」

[3] 赤津観,「ベクトル制御による高効率モータ駆動」, グリーン・エレクトロニクス No. 14, CQ 出版社 (2013).

[4] 例えば松波弘之著,「半導体工学」第二版, 昭晃堂 (2002).

[5] 例えば四戸孝,「SiC パワーデバイス」, 東芝レビュー, vol. 59, no. 2, pp. 49-53, 2004.

[6] B. Jayant Baliga, "Fundamentals of Power Semiconductor Devices", Springer (2008).

[7] E. O. Johnson, "Physical limitations on frequency and power parameters of transistors", RCA Rev, pp. 163-177, 1965.

[8] R. W. Keys, "Figure of merit for semiconductors for high-speed switches", Proc. IEEE, p225, 1972.

[9] B. J. Baliga, "Power semiconductor device figure of merit for high-frequency applications", IEEE EDL Vol. 10, No. 10, pp. 455-457, 1989.

[10] Alex Q. Huang, "New Unipolar Switching Power Device Figures of Merit", IEEE ED Letters, Vol. 25, No. 5, pp. 298-301, 2004.

[11] I. Kim, S. Matsumoto, T. Sakai, and T. Yachi, "New power device figure-of-merit for high-frequency applications", Proc. ISPSD'95, pp. 309-314, 1995.

[12] 高尾和人, 四戸孝,「SiC ハイブリッドペアによる低損失インバータ」, 東芝レビュー, Vol. 64, No. 7, pp. 44-47 (2009).

[13] 小林邦雄, 北村祥司, 安達和哉,「1,700V 耐圧 SiC ハイブリッドモジュール」, 富士電機技報, Vol. 86, No. 4, pp. 240-243 (2013).

[14] T. Funaki, S. Matsuzaki, T. Kimoto and T. Hikihara, "Characterization of punch-through phenomenon in SiC-SBD by capacitance-voltage measurement at high reverse bias voltage", IEICE ELEX, Vol. 3, No. 16, pp. 379-384, (2006).

[15] T. Funaki, N. Phankong, T. Kimoto, and T. Hikihara, "Measuring Terminal Capacitance and Its Voltage Dependency for High-Voltage Power Devices", IEEE trans. PELS, Vol. 24, No. 6, pp. 1486-1493, (2009).

[16] N. Phankong, T. Funaki, and T. Hikihara, "Characterization of the gate-voltage dependency of input capacitance in a SiC MOSFET", IEICE ELEX, Vol. 7, No. 7, pp. 480-486, (2010).

[17] T. Funaki, Y. Nakano, and T. Nakamura, "Comparative study of the static and switching characteristics of SiC and Si MOSFETs", IEICE ELEX, Vol. 8, No. 15, pp. 1215-1220, (2011).
[18] T. Funaki, J. C. Balda, J. Junghans, A. S. Kashyap, F. D. Barlow, H. A. Mantooth, T. Kimoto. and T. Hikihara, "SiC JFET dc characteristics under extremely high ambient temperatures", IEICE ELEX, Vol. 1, No. 17, pp. 523-527, (2004).
[19] T. Funaki, J. C. Balda, J. Junghans, A. Jangwanitlert, S. Mounce, F. D. Barlow, H. A. Mantooth, T. Kimoto, and T. i Hikihara, "Switching characteristics of SiC JFET and Schottky diode in high-temperature dc-dc power converters", IEICE ELEX, Vol. 2, No. 3, pp. 97-102, (2005).
[20] T. Funaki, J. C. Balda, J. Junghans, A. S. Kashyap, H. A. Mantooth, F. D. Barlow, T. Kimoto, and T. Hikihara, "Power Conversion With SiC Devices at Extremely High Ambient Temperatures", IEEE trans. PELS, Vol. 22, No. 4, pp. 1321-1329, (2007).
[21] 馬場良平，町田修，金子信男，岩渕昭夫，矢野浩司，松本俊「電源用 AlGaN/GaN FET の開発」，電学論 C，Vol. 130，No. 6，pp. 924-928（2010）.
[22] 金村雅仁，多木俊裕，吉川俊英，今西健治，原　直紀「ノーマリーオフ型高電流密度 GaN-HEMT」，電学論 C，Vol. 130，No. 6，pp. 929-933（2010）.
[23] W. Saito, T. Domon, I. Omura, T. Nitta, Y. Kakiuchi, K. Tsuda, and M. Yamaguchi, "Demonstration of resonant inverter circuit for electrodeless fluorescent lamps using high voltage GaN-HEMT", Proc. PESC 2008, pp. 3324-3329 (2008).
[24] H. Yamada, A. Chayahara, Y. Mokuno, H. Umezawa, S. Shikata, and N. Fujimori, "Fabrication of 1 inch mosaic crystal diamond wafers", APEX, Vol. 3, 051301 (2010).
[25] T. Funaki, M. Hirano, H. Umezawa, and S. Shikata, "High temperature switching operation of a power diamond Schottky barrier diode," IEICE ELEX, Vol. 9, No. 24, pp. 1835-1841, (2012).

第 3 章

SiC/GaN 功率半导体的发展

3.1 SiC 和 GaN 功率器件的概念

为了更加有效地利用能源，SiC 和 GaN 等新材料功率器件也受到关注。新材料功率器件的优越性在于电力变换期间的功率损耗（因元件的导通电阻导致的传导损耗与因开关速度导致的开关损耗之和）较小，并且元件的击穿电压越高，性能越好。迄今为止，为了实现低导通电阻和高耐压，硅功率器件利用诸如超结（Super Junction，SJ）和绝缘栅双极型晶体管（Insulated Gate Bipolar Transistor，IGBT）结构之类的技术创新，性能上已经超越了硅材料的理论极限。但是，导通电阻和击穿电压之间存在严重矛盾，除非取得进一步突破，否则性能很难有重大改进。近年来，系统散热机构小型化要求功率器件能在高温下工作，但是禁带宽度为 1.1eV 的硅很难适应 175℃或更高温度的工况。为了解决这些问题，人们对使用宽禁带半导体新型材料的功率器件寄予厚望。使用 SiC 和 GaN 等宽禁带半导体的功率器件可以实现低导通电阻、高耐压、高速开关和高温工况。另外，由于开关损耗和电容较小，可以适应比 Si 更高的工作频率，并减小外围器件的尺寸。

本章将介绍使用宽禁带半导体 SiC 和 GaN 的代表性功率器件的特征和发展现状，也涉及旨在充分发挥这些特征的封装和模块技术。

3.2 SiC 器件的特征（低导通电阻、高温、高速运行）

图 3.1 是各种功率场效应晶体管（Field Effect Transistor，FET）的结构和性

能的比较。可以看出，SiC功率FET满足功率器件所需的所有性能。SiC功率器件之所以具有高性能，是因为SiC的介电击穿电场约为Si的10倍，因此击穿电压相同的情况下所需的耐压层（外延层）的掺杂浓度可增加约100倍，厚度可以减小到大约1/10，并且作为功率器件主要电阻来源的外延层电阻可以减小到Si理论值的大约1/500（考虑载流子迁移率），如图3.2所示。另外，SiC的禁带宽度为Si的3倍左右，且热导率为Si的2.5倍左右，因此散热性能优异，可以在200℃以上的高温下工作。所以，散热机构有望变小，用于系统时有很大优势。

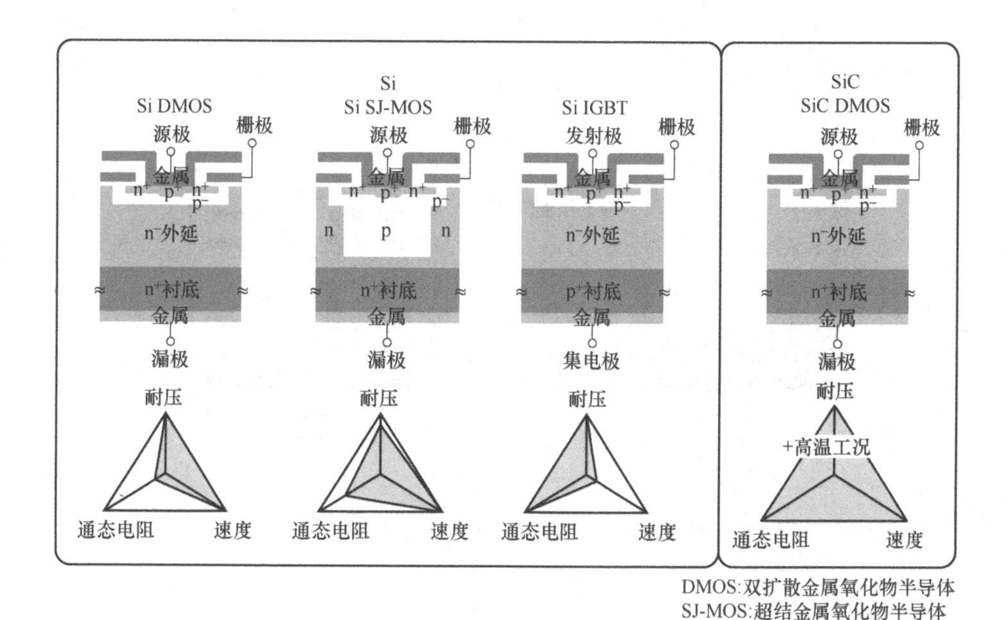

图3.1　功率FET的结构与性能的比较

此外，在SiC器件适用的高耐压（600V以上）范围，Si器件（IGBT）由于是双极型器件（以电子和空穴作为载流子的器件），因此响应速度较慢，而SiC器件用（以电子为载流子的）单极型器件就可以胜任同样的耐压范围。换句话说，因为可以以比Si器件更高的速度执行切换，所以SiC器件有望显著降低开关损耗。

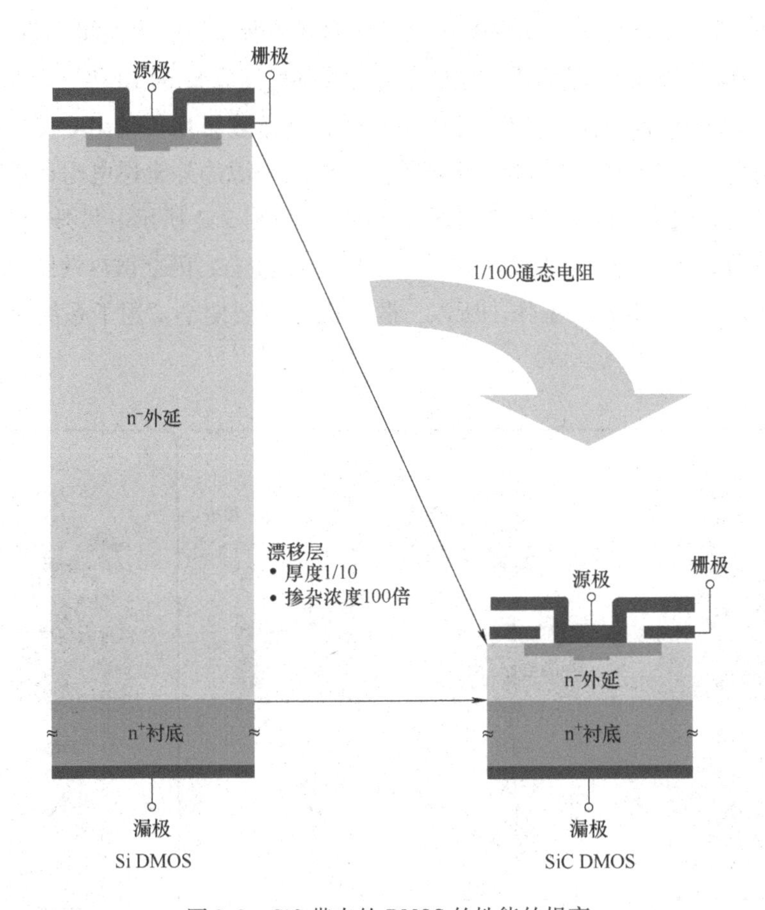

图 3.2　SiC 带来的 DMOS 的性能的提高

3.3 SiC 肖特基势垒二极管

半导体上做成的二极管大致可分为 SiC 肖特基势垒二极管（Schottky Barrier Diode，SBD）和 pn 结二极管两类。由于 Si 的禁带宽度不够，无法制造高耐压的 SBD，pn 结二极管的耐压则为大约 200V 或更高。另一方面，由于 SiC 禁带宽度大，可以制造耐压高达几千伏的 SBD。不过由于 SiC pn 结二极管的启动电压高达 2～3V，远高于 Si 二极管的约 0.6V，一般会使得 V_F 升高，有时可能引起导通损耗恶化。因此，600V～2kV 耐压水平的器件通常使用 SBD 结构。

2010 年 ROMH 首次在日本国内开始量产之前，其他国家制造商已有提供 SiC SBD 产品。图 3.3 显示了市售 SiC SBD 的典型特性。SiC SBD 有两个主要特征，一是它可以在高温下工作。由于禁带宽度不够，Si 二极管的上限温度为 150～175℃。而 SiC 的禁带宽度大，使得其 SBD 可以在 200℃ 以上的高温下工作。另一个特征是反向恢复电流小，pn 结二极管工作中 pn 结的累积电荷在关断过程中需要排出，因而形成很大的反向电流，导致较大的开关损耗。由于 SBD 是单极型器件，不存在这种累积电荷，因此原则上没有反向恢复电流，只有少量电容充放电流，但比 pn 结二极管的反向恢复电流小得多。此外，因为没有反向恢复电流这样的温度依赖性，所以在高温下开关损耗也不高。

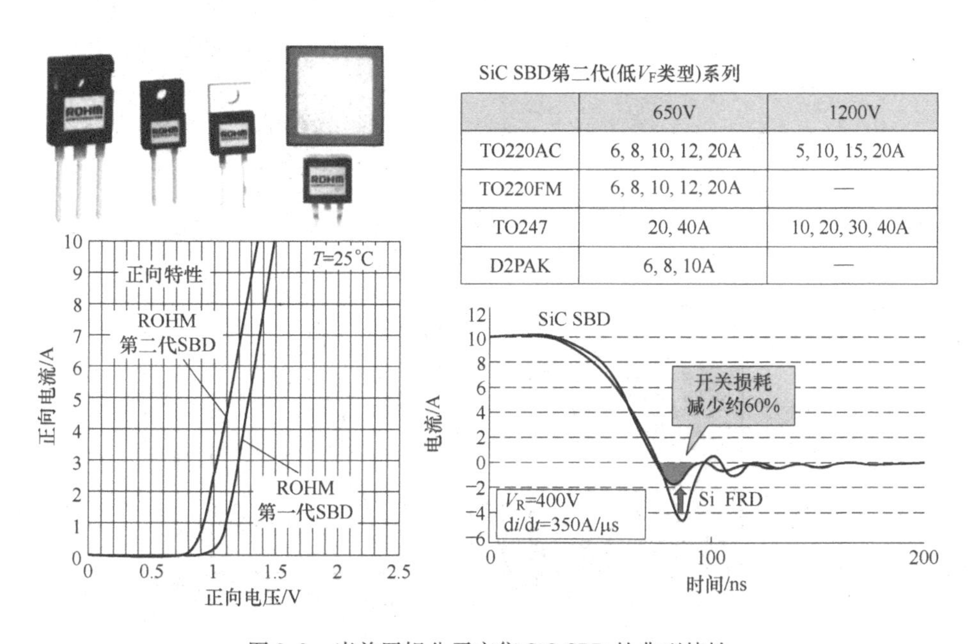
SiC SBD第二代(低V_F类型)系列

	650V	1200V
TO220AC	6, 8, 10, 12, 20A	5, 10, 15, 20A
TO220FM	6, 8, 10, 12, 20A	—
TO247	20, 40A	10, 20, 30, 40A
D2PAK	6, 8, 10A	—

图 3.3　当前罗姆公司市售 SiC SBD 的典型特性

将 SiC SBD 用于电路以降低损耗的效果，已经为各企业和研究机构所证实。其中目前最常见的应用是电源电路的功率因数校正（Power Factor Correction，PFC）。图 3.4 给出了 PFC 电路的一个示例。用 SiC SBD 代替常用的 Si FRD，可通过减少反向恢复损耗来提高效率。

SiC SBD 需要解决的课题是降低 V_F（正向压降），其 V_F略高于 Si pn 结二极管的正向电压降。在低负载（低电流）下 V_F偏大尤其是一个问题，这是因为其导通电压（内置电压）比 Si pn 结二极管的电压稍大。尽管通过降低电阻可以使得接近额定电流时的 V_F与 Si pn 结二极管大致相当，但是如果导通电压较大，那么低电流时的 V_F就很难降低。大多数器件在很大一部分时间内都工作在低电流范围，降低该状态下的 V_F有助于显著提高器件效率。SBD 的导通电压取决于肖特基金属和半导体之间的功函数差异带来的势垒高度。尽管降低势垒高度可以降低导通电压，但是还要权衡在反向耐压状态下的漏电流增加。因此，罗姆公司提出了一种沟槽 SBD，并成功地通过降低耐压时肖特基界面附近的电场降低了漏电流，如图 3.5 所示。其结果可以减小势垒高度并显著降低启动电压。

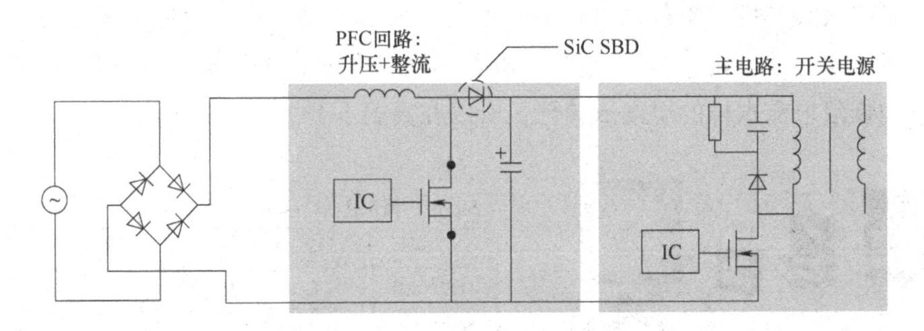

图 3.4　SiC SBD 在 PFC 电路中的应用示例

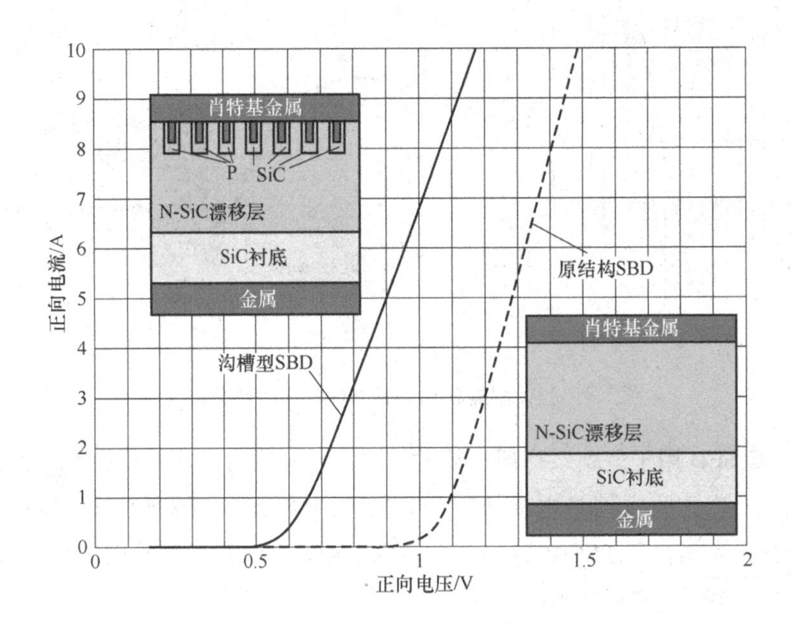

图 3.5　沟槽结构 SBD 降低 V_F

此外，在高负载（大电流工况）时，降低电阻比降低启动电压更有效。目前 SiC SBD 的导通电阻主要来自衬底电阻。减少衬底厚度是降低衬底电阻的有效方式，但是因为形成背面欧姆接触的高温工艺步骤需要放在器件完成之前，所以此时无法进行衬底减薄。近来，在器件制造完成之后通过激光退火形成背面欧姆接触已经成为可能。以此已经成功制造出衬底厚度为 50μm 的器件（常规为230μm)，结果成功地将器件电阻从0.48mΩ · cm²减小到0.22mΩ · cm²，如图3.6所示。

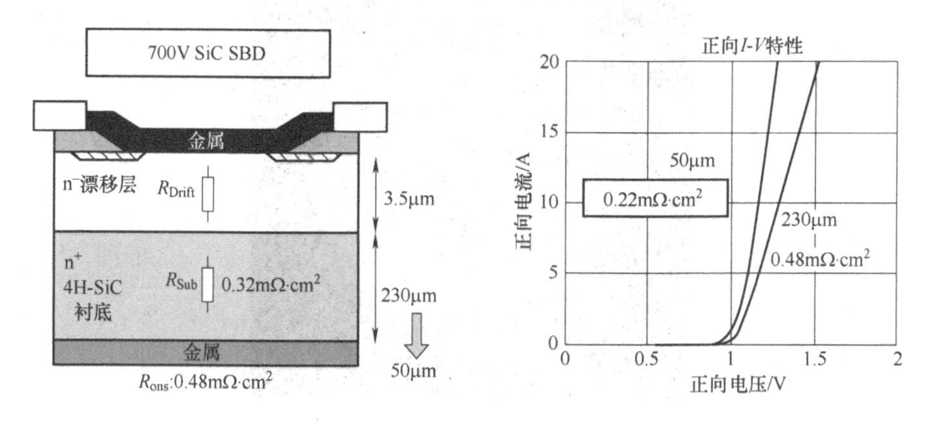

图3.6 衬底减薄降低 SiC SBD 电阻

3.4 SiC 晶体管

关于 SiC 晶体管，人们期望其 MOSFET 也能像硅 MOSFET 那样成为典型应用。然而，由于在 SiC 上的 SiO_2 薄膜中混入碳和高温激活退火期间的表面粗糙化等问题，其性能和可靠性都难以保证。因此，已经开发出一些像 JFET 这样不使用栅极绝缘薄膜的晶体管。但是，通过氧化/退火工艺中加入氮元素，以及激活退火时的碳膜封盖等技术的改进，SiC 上 SiO_2 膜的 MOS 特性和可靠性得到了很大提升。因此，罗姆公司从2010年开始批量生产备受期待的 SiC DMOSFET。图3.7所示为批量生产的 SiC DMOSFET 的晶片，图3.8所示为封装照片及其特性。可以看出，与 Si IGBT 和 DMOS 相比，开关损耗和传导损耗都有所降低。

当前市售 SiC DMOSFET 仍然采用简单的 DMOS 结构，迁移率也不算高。可以预期，随着工艺和器件结构的发展，其性能将得到改善。在器件结构方面，需要像 Si 器件一样转向沟槽栅结构来提高性能。与平面结构相比，沟槽结构可以提高沟道的密度，降低 JFET 电阻，大幅降低导通电阻[2,3]。沟槽结构是硅功率器件的主流结构，尤其是低电压器件。但是，SiC MOSFET 承受高压时，内部电场是 Si MOSFET 的10倍，沟槽结构难以承受高电压，因而相对简单的平面 MOSFET 已经成为产品开发主流。然而，近年来，已经提出了各种缓和电场的结构，SiC 沟槽 MOSFET 的实际应用已经成为可能。图3.9显示了双沟槽

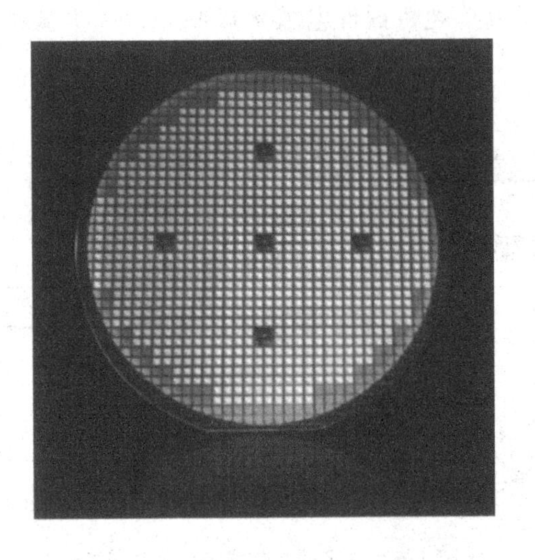

图 3.7　开始批量生产的 SiC DMOSFET 的晶片

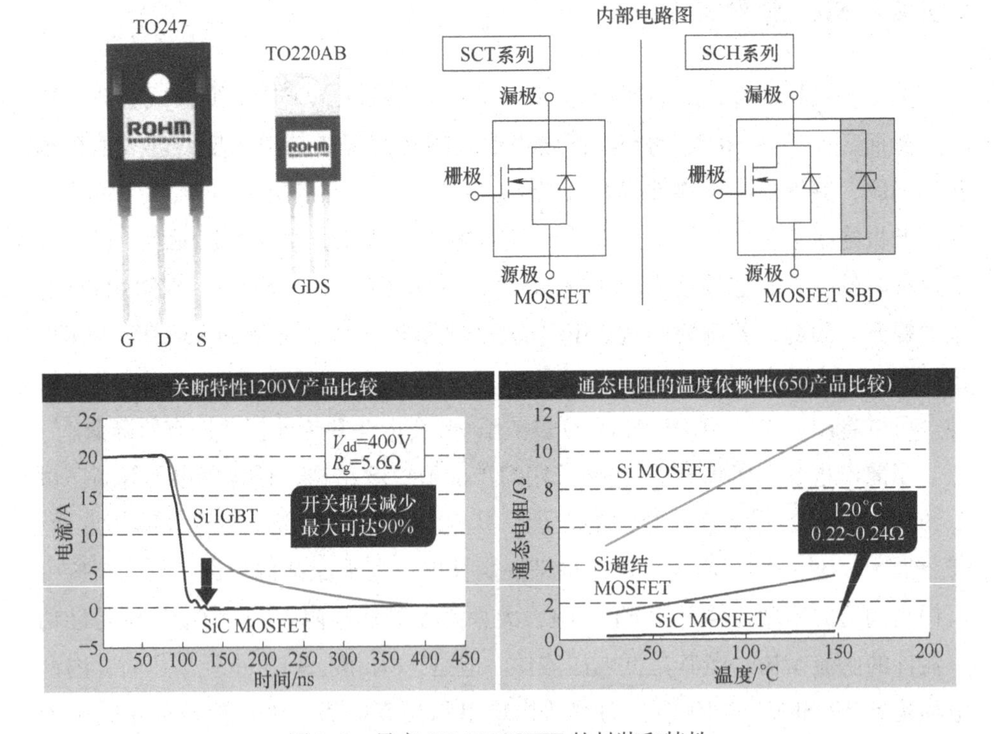

图 3.8　量产 SiC DMOSFET 的封装和特性

MOSEET 的原型结构图和 I-V 特性[4,5]，其中以双沟槽结构来缓和沟槽底部电场。通过在源极区域中形成沟槽并在源极沟槽的底部形成 P 型层，可以缓和栅极沟槽底部的电场。图 3.10 显示了原型双沟槽 MOSFET 和其他器件的导通特性的比较。可以看出，沟槽结构可以显著降低导通电阻。在 600V 的耐压下，它已将近 0.8mΩ · cm²，在室温下其电阻比现有的 Si 器件降低了约一个数量级。

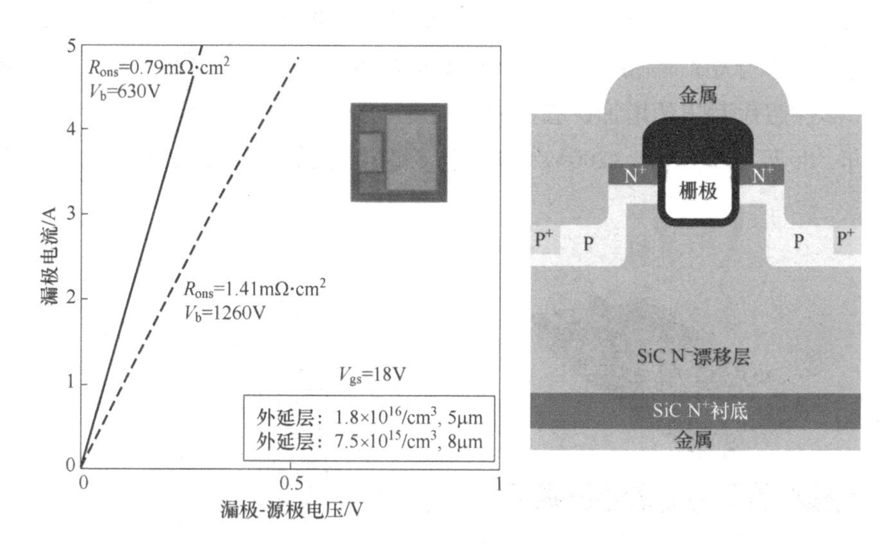

图 3.9　双沟槽 MOSFET 的结构和特性

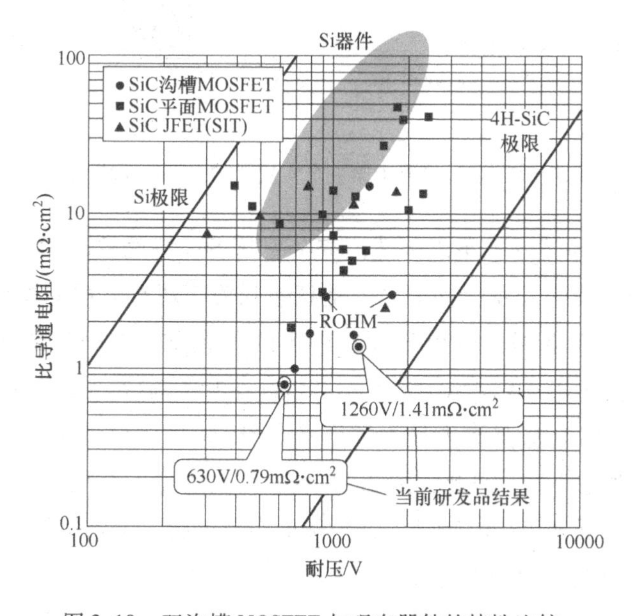

图 3.10　双沟槽 MOSFET 与现有器件的特性比较

3.5 SiC 模块

电流相对较小的分立 SiC 功率器件已经开始投入实际使用，但是，市场需要大电流元器件。与 Si 相比，SiC 晶体缺陷仍然较多，因此用于大电流的大面积芯片具有缺陷的概率很高，与小面积芯片相比，成品率显著降低。所以，与低功率分立产品相比，SiC 高功率模块的实际应用发展较慢。然而，随着 SiC 器件芯片面积的增加，已经能够制造出多芯片并联的高功率全 SiC 模块。2012 年，世界上第一个 1200V/120A 全 SiC 模块投入实际使用，如图 3.11 所示。

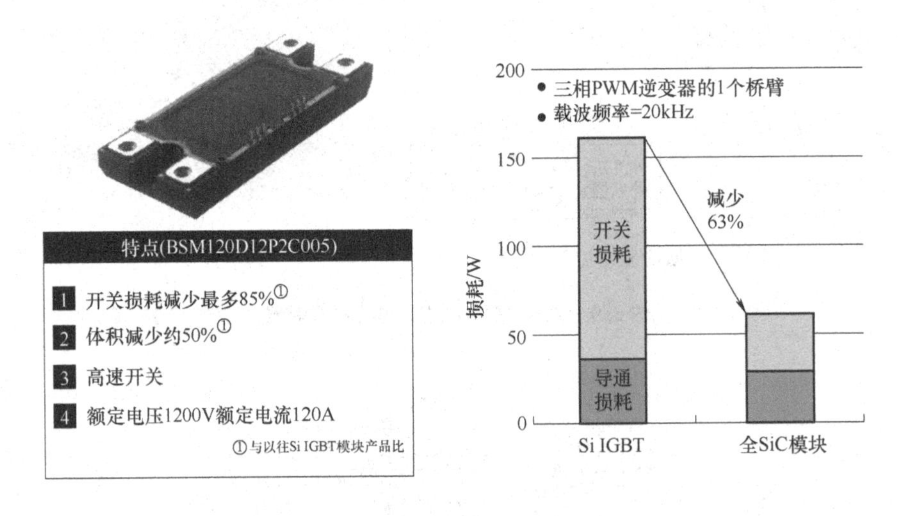

图 3.11 世界上第一个实用化的全 SiC 模块

现有的 Si 模块技术不足以制造出充分发挥 SiC 特性的高功率 SiC 模块，因此需要进行模块技术开发，其中之一是高速开关。现有大功率模块中主要使用 IGBT，它需要在关断时移除电导调制产生的载流子，因而需要较长的开关时间，所以现有的 IGBT 模块结构通常不考虑高速开关需求。如果将其简单替换为 SiC 器件，则内部电感会产生很大的电涌，dV/dt 也无法充分提高，无法实现 SiC 本身的低损耗开关。因此，图 3.11 中的模块改进了结构，以减少内部电感来发挥出 SiC 的低开关损耗特性。通过降低内部电感，与现有的 Si IGBT 模块相比，开关损耗降低了 80% 以上。

高温工作是需要发挥的SiC的另一个特性。SiC禁带宽度大，器件可以在高温下运行。但是，Si的最高工作温度约为175℃，封装和模块的耐热温度也差不多。因此，SiC的高温工作需要封装和模块能够耐高温。通过使用SiC器件和高温工作模块可以提高T_{jmax}的设定值，相同的器件和系统就可以处理更高的功率。这意味着耐高温模块不仅可以极大地有助于高温工况下的使用，而且可以大大提高模块和系统的功率密度，缩小尺寸。另外还可以使用沟槽MOSEET来大幅度减小芯片尺寸，由此制造迄今为止一直难以用Si实现的传递模塑高功率模块。图3.12显示了一个利用沟槽MOSFET和高耐热传递模塑技术的小型模块的例子[6]。一个与USB存储器一样大的模块可以驱动600A电流（击穿电压：600V，$T_{jmax}=200℃$，1 in 1）。通过使用六个这样的模块，可以驱动60kW级的三相电动机。功率密度为145kW/L（包括模块、栅极驱动器板、缓冲电容、强制风冷散热器和母线），与传统的Si IGBT模块相比，它的尺寸可以减小一个数量级以上。此外，由于可以进行风冷，不需要水冷系统，故还有望进一步小型化。

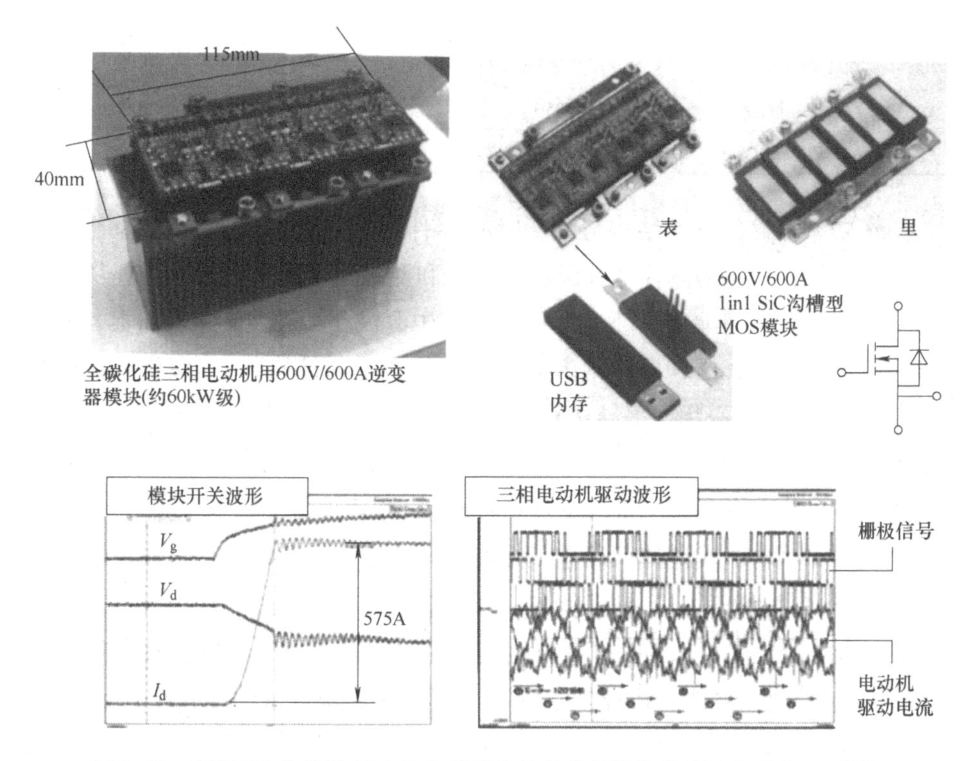

图3.12　利用SiC沟槽MOSFET和高耐热的传递模塑技术的超小型全SiC模块

3.6 GaN 功率器件的特征

GaN 与 SiC 一起有望成为下一代功率器件的宽禁带半导体材料。GaN 功率器件已经作为高频功率放大器投入实际使用。然而，这类器件只是处理高频信号，作为电力操作意义上的功率器件，其实际应用才刚刚开始。表 3.1 列出了各种半导体材料的物理性质。仅看这些值，作为功率器件应用，GaN 比 SiC 稍好。然而由于其衬底价格和工艺限制等原因，GaN 难以像 SiC 那样简单地替换现有的 Si 器件材料。但是，GaN 具有 Si 或 SiC 无法实现的某些功能，特别是二维电子气（2DEG）现象是其他材料所没有的主要特点。

表 3.1　各种功率器件材料的物理性能比较

材料	Si	4H-SiC	GaN
禁带宽度/eV	1.12	3.2	3.39
相对介电常数	11.7	10	9
介电击穿电场/(MV/cm)	0.3	3	3.3
电子饱和速度/(10^7cm/s)	1	2	2.5
电子迁移率/[cm^2/(V·s)]	1350	720	900
热导率/[W/(cm·K)]	1.5	4.5	2~3

GaN 功率器件的基本结构与 Si 和 SiC 器件不同。图 3.13 所示为 GaN 电子器件的一般结构。该晶体管具有源极、栅极和漏极三个电极。Si 和 SiC 功率器件 Si 和 SiC 功率器件具有“垂直”结构，其中源极和栅极在同一表面上，而漏极在衬底下表面上。GaN 器件则为通常所称的“横向结构”，其中所有电极都在同一表面上[7-9]。采用水平结构是为了要将在 AlGaN/GaN 界面上自发形成的具有高电子迁移率的二维电子气（2DEG）用作电流路径。这种结构的晶体管统称为 HEMT（High Electron Mobility Transistor），某些 GaAs 晶体管就属于此类。GaN 的另一个特点是其晶体可以生长在各种衬底上。因此，尽管目前能够生产的单晶体材料直径不大，但是可以在相对便宜的 Si 衬底上生长成 GaN 晶体，对于横向结构，可以使用大直径 Si 衬底制造 GaN HEMT，将来可以降低价格。

横向 GaN 功率器件的特征在于使用 2DEG 来实现极高的迁移率，与 Si 或 SiC 的垂直结构相比，各个部分的电容都可以减小，特别是栅极电容可降低约一个数量级（同等性能下）。因此，响应速度比常规功率器件高几个数量级，

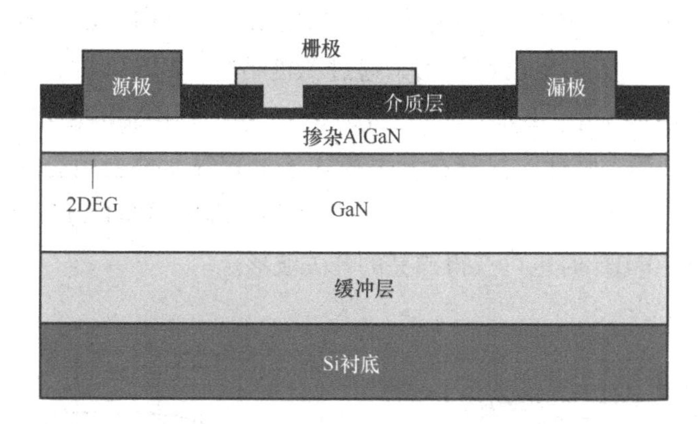

图 3.13　GaN 功率器件的典型结构

这是 GaN 功率器件最重要的特征。当然，人们也研究和 Si 和 SiC 类似的高耐压 GaN 垂直器件，并且除了工艺困难之外，持续电流引起的耐压退化之类的问题还未能彻底解决，实际应用似乎还有待时日。

3.7　GaN 功率器件的特性

由于上述原因，GaN 功率器件首先在较低电压（250V 或更低）范围内投入实际使用。首先的目标是利用其出色的高速响应，不仅降低了开关损耗，而且更高的频率可以减小外围组件的尺寸和降低损耗。图 3.14 给出了常开型 GaN HEMT 开关特性的示例。对约 30V 源漏电压的开关，即使在 10MHz 时，也可获得几乎无振荡的漂亮的开关波形。

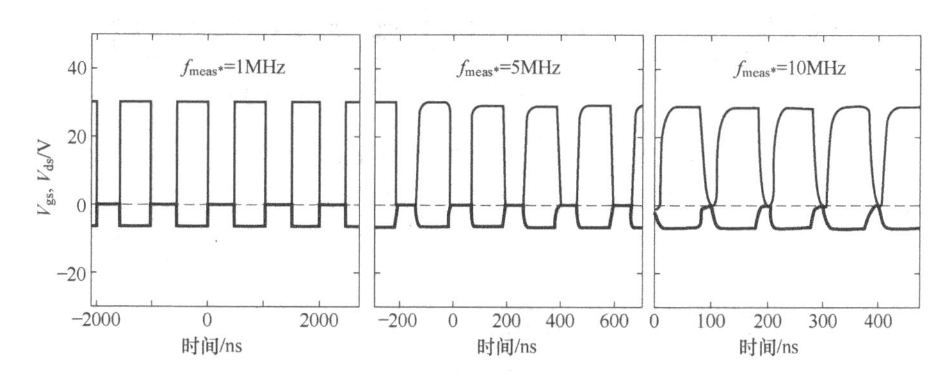

图 3.14　常开型 GaN HEMT 在不同频率下的开关波形（细黑线为 V_{ds}，粗黑线为 V_{gs}）

通常 HEMT 结构是常开的，也就是栅极电压为 0V 时处于导通状态。然而，在功率器件的电力应用中，从故障安全的角度出发，倾向于使用常关器件。对于 GaN 功率器件，人们也已经提出了通过凹槽结构、MIS 结构、结栅、共源共栅等设计实现的常关型 HEMT[10-12]。图 3.15 显示了使用 MIS 结构的常关型 GaN HEMT 的结构和静态特性。尽管在常关模式下电容等元件会稍有变化，但还是能够保持出色的高速响应。图 3.16 显示了常关型 GaN HEMT 的开关特性。可以看出，即使在 10MHz 时也可获得漂亮的开关波形。

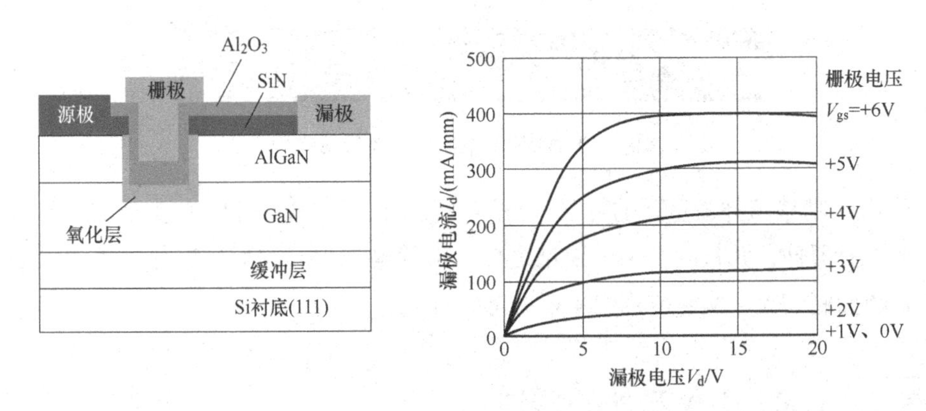

图 3.15　使用 MIS 结构的常关型 GaN HEMT 的结构和静态特性

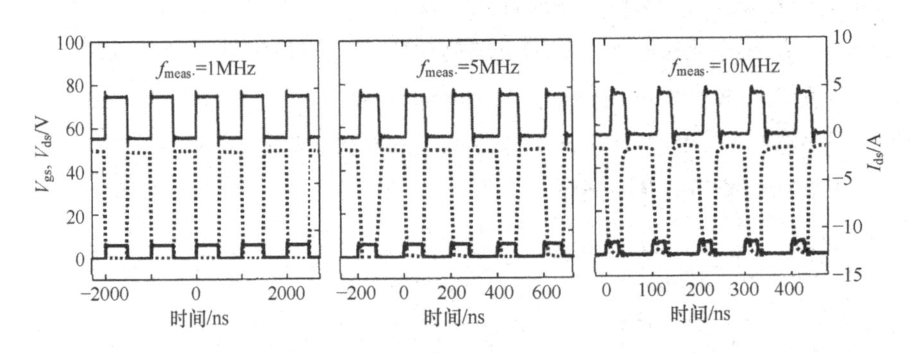

图 3.16　常关型 GaN HEMT 在不同频率下的开关波形

（虚线为 V_{ds}，粗黑线为 V_{gs}，细黑线为 I_{ds}）

3.8　GaN 功率器件的应用

基于材料的物理特性，可以制造高耐压的 GaN 功率器件。但是，如上所述，目前主要使用横向器件，并且高耐压也导致器件的元胞面积增加。此外，由于雪崩耐受能力不佳，应用也受到限制。目前已有耐压高达600V的实用器件。在要求器件具有600V或更高耐压的系统中，周边往往使用具有较大电感和电容的部件，因此经常无法充分发挥GaN的高速响应性能。尽管由于栅极电容小，栅极驱动器具有优势，但除某些应用外，GaN最终可能会在该领域与现有的Si和SiC器件产生价格竞争。此外，诸如电流崩溃和保障SOA之类的技术障碍也会增加。另外，与垂直器件相比，增加水平结构的导通电流难度更大。因此，人们预测GaN更有希望进入电压和功率相对较低的应用领域。

高频应用领域是GaN功率器件的目标市场。具体来说，就是负载点（Point of Load，POL）或非接触式无线供电。尤其是对于非接触式无线供电，预计将来高频谐振类型将大大扩展。图3.17所示为10W功率传输非接触式电源模块[13]外观的比较照片。尽管电路结构不同，难以简单比较，但是很明显，使用GaN晶体管可以提高开关频率，从而减少了无源元件的尺寸，使整体更加紧凑。

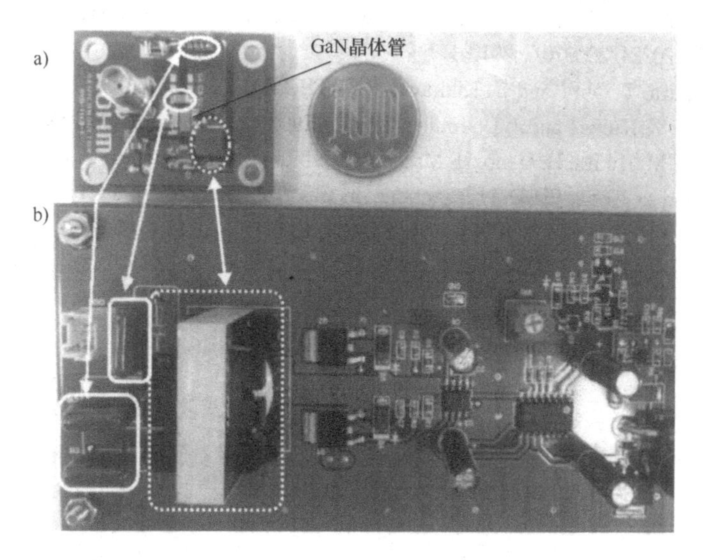

图3.17　非接触式电源10W功率传输模块

a）使用GaN晶体管的电路（f_{sw}=13.56MHz）　b）商业模块[13]（f_{sw}=80kHz）

参考文献

[1] M. Aketa, 2011 International Conference on Silicon Carbide and Related Materials Abstract Book, p. 258 (2011).

[2] H. Nakao, H. Mikami, H. Yano, T. Hatayama, Y. Uraoka and T. Fuyuki, Mater. Sci. Forum 527-529 (2006) 1293.

[3] H. Yano, H. Nakao, T. Hatayama, Y. Uraoka and T. Fuyuki, Mater. Sci. Forum 556-557 (2007) 807.

[4] T. Nakamura, Y. Nakano, M. Aketa, R. Nakamura, S. Mitani, H. Sakairi, Y. Yokotsuji, "High performance SiC trench devices with ultra-low Ron", Tech. Dig. of International Electron Devices Meeting 2011, pp. 26.5.1

[5] T. Nakamura, M. Aketa, Y. Nakano, "Advanced SiC Devices with Trench Structure", Extended Abstracts of the 2012 International Conference on Solid State Devices and Materials, Kyoto, 2012, pp. 899-900

[6] T. Nakamura, Y. Nakano, M. Aketa, and T. Hanada: "The Development of Advanced SiC Devices and Modules", International Conference on Siliconcarbide Carbide and Related Materials 2013 Technical Digest, p. 7 (2013)

[7] Y. Takada, and K. Tsuda：東芝レビュー59, 35 (2004).

[8] H. kambayashi, S. Kamiya, N. Ikeda, J. Li, S. Kato, S. Ishii, Y. Sasaki, S. Yoshida, and M. Masuda：古河電工時報 117, 6 (2006).

[9] 例えば各種プレスリリース EE Times Japan：http://eetimes.jp/ee/12/news024.html (2012).； 日 経 TechON ！：http://techon.nikkeibp.co.jp/article/NEWS/20120224/205970/ (2012).

[10] M. Kanamura, T. Ohki, and T. Kikkawa: FUJITSU 60, 413 (2009).

[11] E. Sönmez, M. Kunze, and I. Daumiller: Power Electronics Europe 4, 25 (2011).

[12] Y. Uemoto, M. Hikita, H. Ueno, H. Matsuo, H. Ishida, M. Yanagihara, T. Ueda, T. Tanaka, and D. Ueda: IEEE Transactions on Electron Devices 54, 3393 (2007).

[13] グリーン・エレクトロニクス No. 6, p. 93 (CQ 出版社, 2011)

第4章

引线键合技术

4.1 引线键合技术的概念

近年来，以混合动力汽车、电动汽车为首，铁道能效提升，使用电动机的空调等家电产品以及工业机械等都致力于节能化。由于对节能有很大贡献，因此逆变器的普及和需求正在不断扩大。

装有多个作为逆变器核心器件的功率器件（功率半导体）的功率模块和IGBT的使用量都在大幅增加。功率器件耐压几千伏，控制从几安到1000A范围的电流，需要与通用存储器IC和逻辑IC不同的器件结构设计。功率模块要求具有更高的功率密度和更小的尺寸，并且市场对可靠性以及产品功能的需求也越来越高。

图4.1显示了功率模块的典型安装结构的横截面。为了确保散热和绝缘，通常将IGBT等功率器件置于陶瓷绝缘基板或金属底板上。这些半导体器件与电极端子之间的电连接，通常使用所谓键合引线的金属线来实现。图4.2是功率模块引线结构的俯视图。键合引线是电气信号传输的重要构件，模块容量增大的趋势和恶劣的工况（例如汽车），要求承载大电流的键合线具有较粗的线径和更高的可靠性。

为了进一步提高逆变器的效率并减小其尺寸和重量，人们期望使用以SiC和GaN材料为基础的功率半导体器件。由于SiC半导体损耗低且热导率高，因此可以在Si半导体难以胜任的150℃以上的高温下工作。SiC半导体的工作温度提高到200~250℃时，必须确保其可靠性。即使SiC能耐高温，密封材料、贴装材料和引线键合材料等封装材料的耐热不够也成为问题，需要开发新技术来

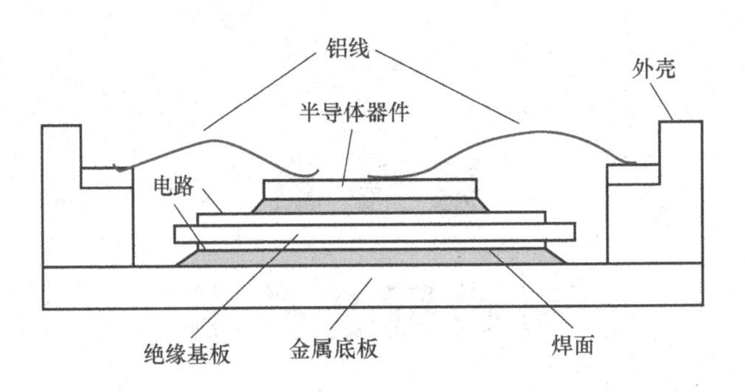

图 4.1　功率模块的结构

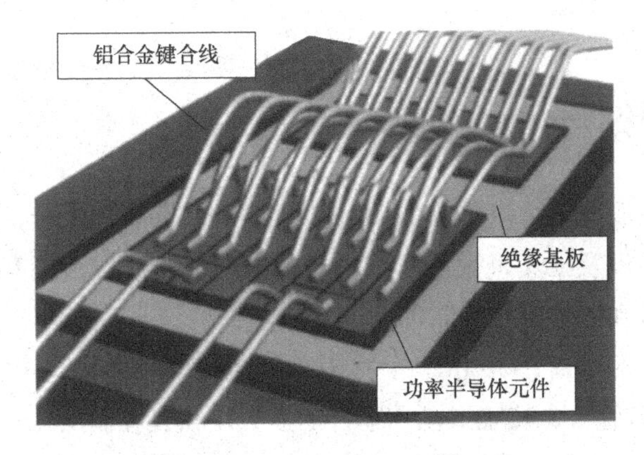

图 4.2　铝线接线结构[1]

提高引线键合之类的封装构件的可靠性。

本章将介绍功率模块的主要布线材料的引线键合技术的特性，以及为提高其性能和可靠性而做出的努力，还有能够适应更高功率密度的布线技术。

4.2 引线键合的种类

引线键合是用金属线将半导体器件的电极与外部端子的电极连接起来的方法。引线键合技术在键合方向、焊点间距、布线尺寸（线径）、电极材料等方面具有较高的自由度，并且在生产效率、成品率、键合可靠性等方面具有优异的性能，一直被大量应用在半导体领域。

一般的引线键合大致分为球形键合和楔形键合，见表 4.1。球形键合有利于细线的高密度键合，多用于树脂密封的塑料封装。楔形键合适合粗线和低温键合，被用于功率器件、混合封装等。金、铜和铝等线材被分别用在不同的键合方式中，楔形键合使用软而廉价的铝，而球形键合则使用不易氧化的金和铜。近来，已经开发了表面覆盖钯薄层的复合铜线，以其低成本和高可靠性开始得到普及应用。

表4.1 引线键合技术的分类

	楔形键合	球形键合		
引线材料	铝	金	铜	覆钯铜
引线直径/μm	20～500	18～50	25～200	15～50
主要用途	功率半导体，分立半导体	LSI半导体	LSI半导体，分立IC	LSI高密度封装

就线径来说，功率器件应用需要大电流，因此使用线径为50～500μm的粗线。LSI半导体通常则使用线径为20～35μm的细线。此外，在最新移动设备的LSI半导体中，高密度封装迅速发展，越来越多地使用直径13～18μm的超细线。人们根据封装结构、应用和所需的性能等选择适当的键合线的形式、材料和尺寸。

4.2.1 引线键合方法

对于需要通过大电流的功率器件半导体，通常使用粗铝线楔形键合连接其电极和外部端子。该方法的特征在于，不形成焊球，直接将引线以楔形方式（或针脚键合）做二次键合，其程序如图4.3所示。将导线楔合到半导体上的焊盘上（第一键合点），在走线的同时形成线弧，并在外部端子侧的电极（例如基板）上进行第二键合点的键合，然后使用切割工具切断引线以完成整个键合过程，焊接参数包括超声波输出功率和压力、超声作用时间和频率等。在键合时，通过毛细管劈刀[㊀]施加压力以使引线和电极变形，再加上超声振动，完成电线和电极的固相键合。

在楔形键合中，引线的键合方向与超声波的方向平行，以便在不使用焊球的情况下，增加键合面积并确保键合强度。与球形键合需要加热不同的是，楔形键合一般在室温下进行，这是由于线材的差别，用于楔形键合的铝在常温下

㊀ 原文如此。业界一般将球形键合劈刀称作毛细管劈刀。——译者注

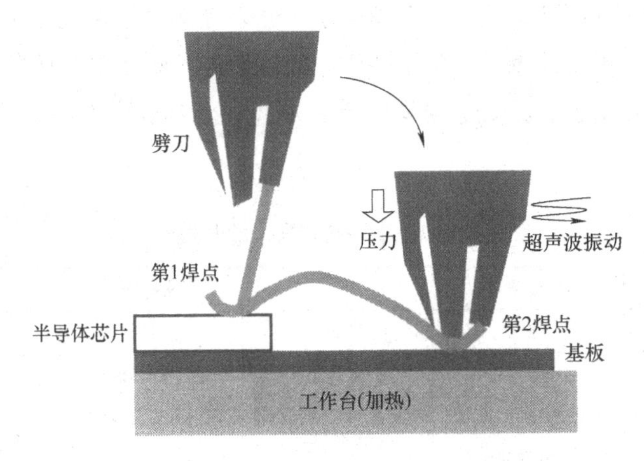

图 4.3　楔形键合方法

也比较容易键合。室温键合的优点是对元件、基板、树脂等没有热影响，可以使用不耐热的材料，而且热膨胀率不同的材料也可以很容易组合在一起。

4.2.2　键合机制

在引线键合过程中，重要的是在短时间内增加在引线和电极之间界面处的键合强度。主要的键合条件参数是压力、超声波振动和时间。必须根据封装形式和目的，通过适当组合这些参数，确保良好的键合强度。

图 4.4[2] 显示了超声波功率与剪切键合强度之间的关系。剪切强度是指键合面剪切变形时的断裂强度。图 4.4 是将直径为 300μm 的铝合金引线（含有 0.5 质量% 的 Cu）键合到 IGBT 的 Al-Si 电极焊盘上的样品评估结果。随着超声波功率的增加，引线键合强度显著增加。一般来说，随着超声波功率增加，其振幅变大，促进了引线和电极的变形。并且当键合温度上升时，键合界面处的扩散也促进了键合强度的增加。

超声波振动的作用是促进引线变形，氧化膜的破坏以及键合界面处的扩散。在引线和电极表面形成的氧化膜、污染层等会阻碍二者的密切接触，从而降低键合质量，在应用中导致可靠性下降。为了获得良好的金属键合，在键合阶段必须破坏氧化膜。

图 4.5[3] 所示为超声振动破坏键合界面处氧化膜的过程。氧化膜的破坏需要压力使得引线变形，加上超声振动的作用进一步使氧化膜在键合界面处分散破坏，以便形成良好的金属键合。此外，超声波振动和界面摩擦产生的热量也

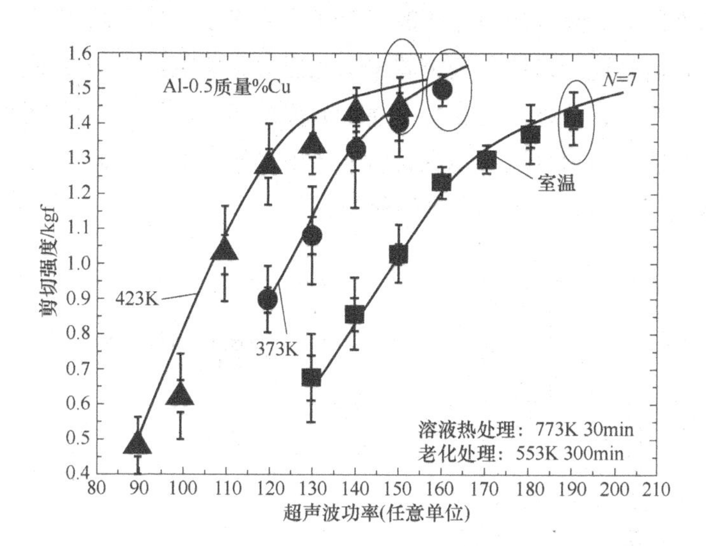

图 4.4　铝合金引线的键合强度（键合温度：室温、373K、423K）[2]

促进了键合界面处的相互扩散，从而提高了键合强度。

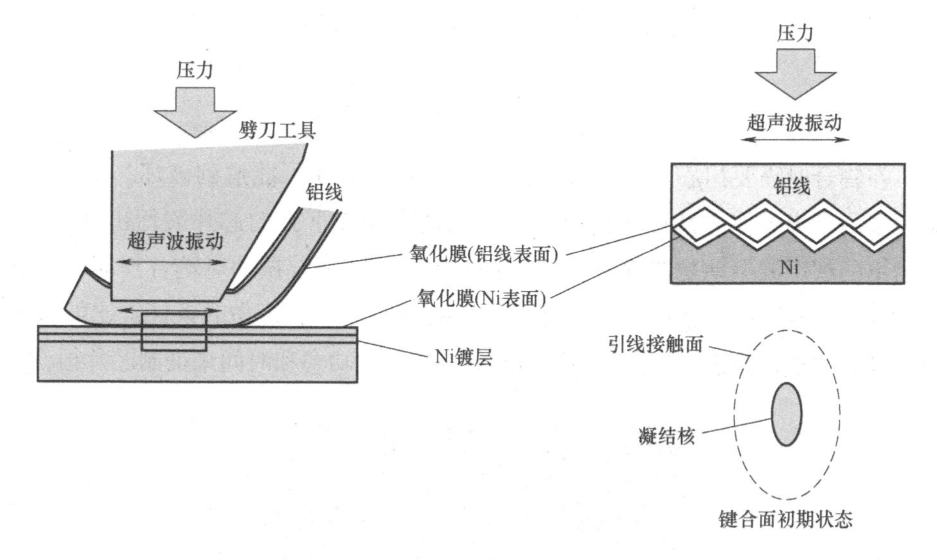

图 4.5　引线键合机制[3]

引线的键合质量取决于引线的形变性质和界面的接合质量。线径越大，越需要传递压力和超声振动使之有效地令金属丝变形。为了控制复杂的导线形变和键合性质，需要了解压力和超声波的作用。

图 4.6[4] 所示为铝线在电极上变形键合时工具高度的变化。工具高度越低，

代表引线形变越大。只有压力作用时，引线形变很小，加上超声振动后，形变急剧增加，也就是说可以认为超声波振动比压力更能促进引线变形。这一差异与形变的类型有关，可以认为压力主要影响弹性形变，而塑性形变则主要由超声波造成。尽管这一形变性质随着材料和所施加压力的大小而变化，还是可以通过有效地利用超声振动得到适当的形变。

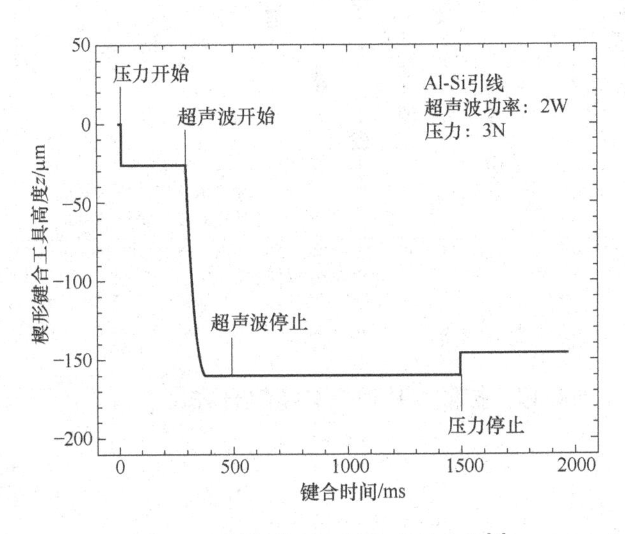

图 4.6　铝线键合时工具高度的变化[4]

在键合时需要担心 Si 或 SiC 等半导体芯片的表面可能遭到破坏。图 4.7[5]显示了一个半导体芯片破坏的例子，引线键合处正下方的芯片表面出现弹坑。压力下的超声波振动是器件破坏的主要因素，而超声波振动对键合损坏的影响特别大。已经研究了如何在保持键合强度的情况下减少损伤的条件，比如有报道[5]说将温度从室温升高到 100℃同时减少超声波功率和时间来抑制芯片损伤。

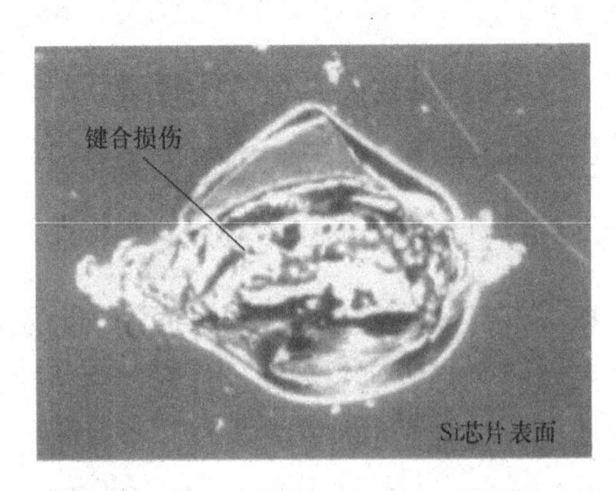

图 4.7　包层引线键合的断裂部[5]

面对增加键合强度和减少损伤的矛盾要求，以普通的简单设定恒定压力和超声强度的方式很难取得改善。短时间断续加压、分段设置超声波条件的键合工艺可以取得成效。为了满足复杂的封装结构的要求，键合装置的精度和机能正在不断进步。

4.3 引线键合处的可靠性

功率器件中使用的铝线的问题，大多数和接头处的可靠性有关。这里介绍铝线键合可靠性的评估方法、失效机理和改进措施等。

4.3.1 功率模块疲劳破坏

功率模块的元件与金属类构件之间的热膨胀系数差异导致的热应力对可靠性影响很大。表 4.2 比较了模块的主要构成材料的线膨胀系数（Coefficient of Thermal Expansion，CTE），铝线的 CTE 是硅的 7 倍，是 Al_2O_3 绝缘基板的 3 倍。功率模块在功率循环试验中的失效被认为是由于温度变化引起的构件之间的反复应力导致的疲劳故障。

表 4.2　各构件材料的线膨胀系数

材料	Si	Al	Al_2O_3
构件	半导体器件	引线	散热基板
线膨胀系数/(ppm/K)	3.5	23.1	7

为了实现 IGBT 的小型化和高功率密度，需要提高工作温度的上限，而且疲劳失效方面的改善也将是今后发展的重要问题。在加速可靠性试验中，可将引起失效的热应力分为两种类型。一种是由于间歇加载电流引起的器件发热，这对应连接器件上表面电极的引线中产生的应力。另一种是由与器件工作相关的比较缓和的温度变化所引起的热应力，主要导致芯片贴装的裂纹扩展。前者以到铝线断裂为止的所谓功率循环寿命为指标，后者则与热循环寿命有关。

据估计，如果把 IGBT 功率模块的工作温度上限从 150℃升高 25℃到 175℃，则通用逆变器的输出功率可以提高 20%[6]。要发挥 SiC 和 GaN 的耐热性和高导热性以确保其在 200℃或更高温度下能连续运行，功率循环寿命成为重要性能要求。随着最高工作温度和温度差的增加，组成材料承担的热应力会显著增加。需要开发抗热疲劳性比以前更佳的引线键合技术。

4.3.2 键合处的破坏现象

功率芯片的引线键合部分会根据芯片工作模式频繁发生温度变化。功率循环试验是关于这一环境的加速评估方法，其试验条件如图 4.8 所示。该试验通过调整通电断电时间，使功率芯片的结温在较短时间内升降以实现预定的温度差 ΔT_j。与通过升高和降低温度来进行加速测试的热循环测试相比，功率循环测试的温度周期更短，构件承受的热应力更大。

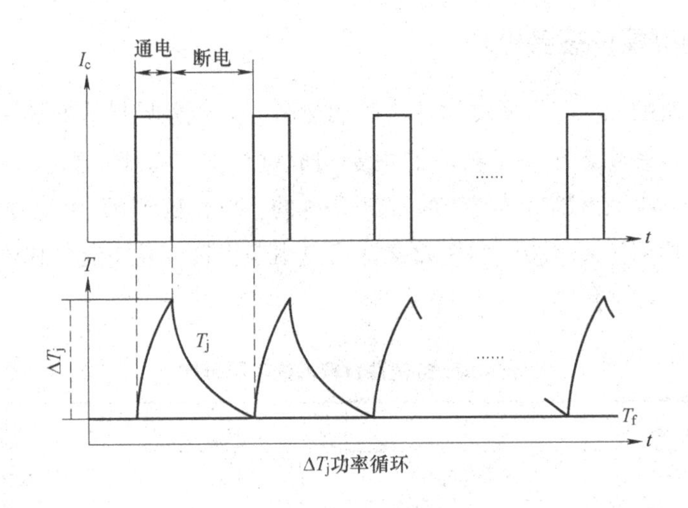

图 4.8　功率循环测试的试验条件

图 4.9 所示为塑封的引线键合部分的功率循环寿命的 Weibull 图结果[1]。从该图可以看出，在 $\Delta T_j = 60℃$ 时其寿命约为 100 万次循环，在 $\Delta T_j = 80℃$ 时约为 10 万次循环。温度差仅仅增加 20℃，引线寿命就大大缩短至之前的 1/10。

功率器件运行时，电流的导通和截止会使铝引线键合处产生热应力而导致开裂失效。图 4.10 显示了功率循环试验后引线键合部的截面[6]。界面附近出现裂纹，导致损坏，裂纹是从外侧开始向内部发展的。线弧部分的引线很少受到破坏，失效集中在键合界面附近的模式占大多数。

图 4.11 所示为 IGBT 连线接头的界面处形成裂纹的模式，引线键合方向的两侧经常会出现裂纹。由于铝线和硅片之间的线膨胀系数不同引发的剪切应力，

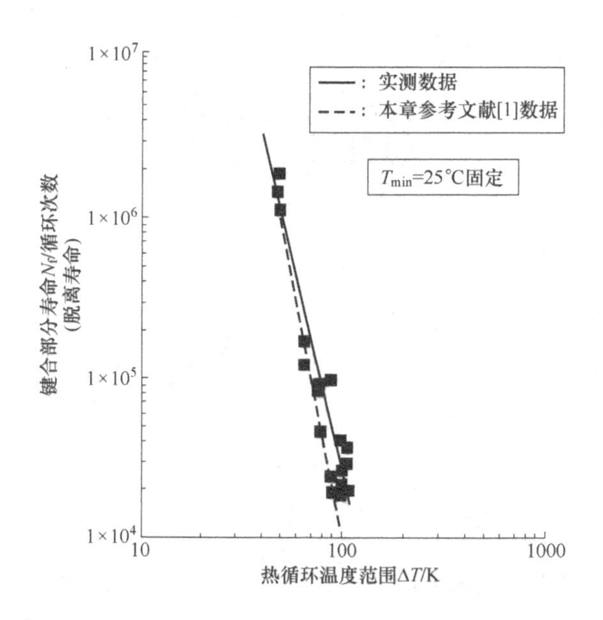

图 4.9　热循环⊖试验后铝线接合部的寿命[1]

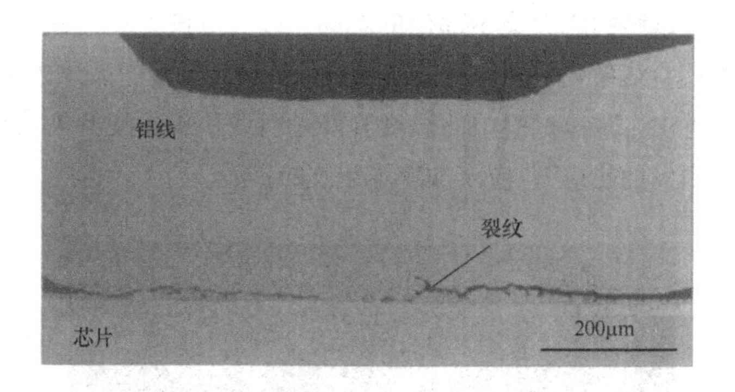

图 4.10　功率循环试验后引线键合部的截面[6]

在键合过程中经历较大形变的铝线中会出现裂纹，并最终导致电极和铝线之间界面附近处的剥离。

4.3.3　键合处的裂纹扩展

为了从线材的观点评价耐疲劳性，在室温下开展了疲劳试验[8]。从图 4.12

⊖ 原文如此。按照上文，此处应为“功率循环”。——译者注

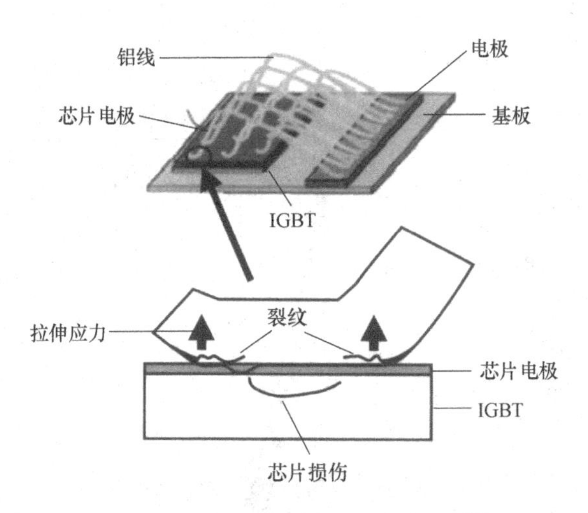

图 4.11　引线键合部分裂纹的发展[7]

的疲劳试验后的导线横截面可以看出，即使在室温下，由于反复疲劳，导线接头处也会出现裂纹，并且从接头表面的边界开始向导线内部横向扩展。这与图 4.10 所示功率循环试验中裂纹沿着界面扩展的行为是不同的，这关系到室温试验和功率循环试验的应力集中部位的不同。改变测试温度，在室温和加热到 80℃时，疲劳试验结果几乎相同[9]。仅加热保持恒定温度，裂纹扩展相对缓慢。从这些报告中看出，加速试验中的温度升降是引线接头的疲劳失效加速的主要原因。热循环引发的热应力-应变加速了裂纹的扩展。

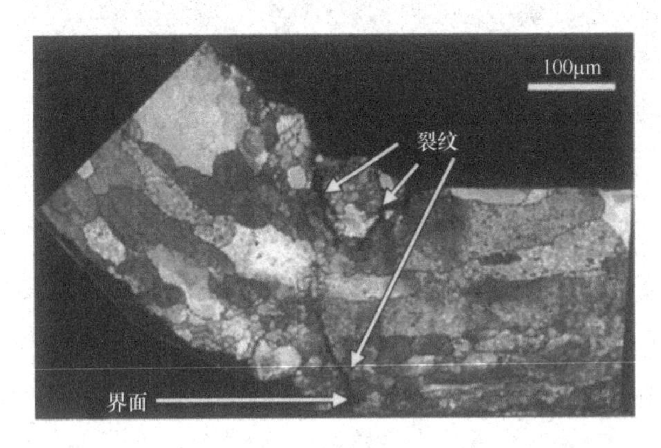

图 4.12　室温疲劳试验后金属线剖面的微观结构[8]

裂纹从引线键合部分的外围开始，并随着循环次数的增加沿界面向内扩展。首先，硅芯片和铝线之间的线膨胀系数差异产生的应力导致裂纹扩展。其次，线弧部分的热膨胀/收缩对键合部分施加的应力也加速了失效。因此，决定引线接头寿命的是线膨胀系数所引起的应力和线弧刚度所引起的应力组合。

4.3.4 影响接头破坏的因素

影响引线的断裂寿命的因素有线弧形状、线径、键合条件和材料等。优化键合处形变的形状和线弧的形状，可以有效减少引线中产生的应力并提高寿命，提高线弧高度可以缓和其伸缩应力。图4.13[3]报告说，将线弧高度从4.3mm增加约10%到4.8mm，可以将功率循环寿命提高一个数量级。

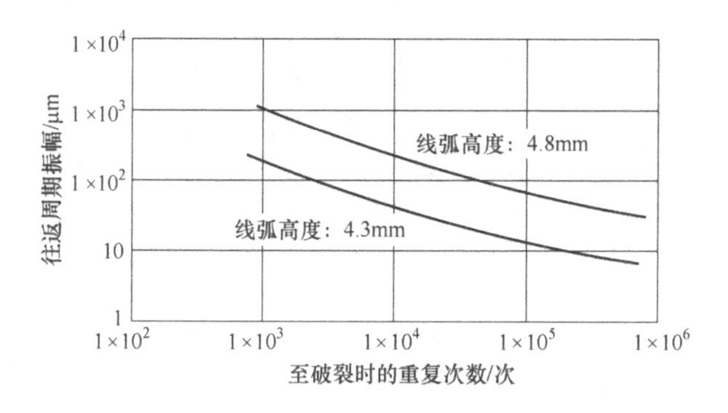

图4.13 线弧高度对寿命的影响[3]

接头的寿命由裂纹的增长程度决定，因此受到键合面积的影响。增加线径会增加键合面积，有望延长寿命。另一方面，线径变大也会导致线弧环的刚性增加，可能造成键合处拉伸应力变大。图4.14[3]显示了线径和裂纹扩展速度之间的关系。可以看到，对于相同的裂纹扩展速度（纵轴），相对裂纹扩展（裂纹长度/键合长度，横轴）随着线径在300~500μm范围内的增大而减小㊀。也就是说，大线径可以延迟由于裂纹扩展导致的接头剥离失效。还可以看到，由于线弧刚性的影响，超过500μm的粗线的寿命减少。在加工方面，有必要考虑接头的长期可靠性来选择合适的线径。

除了材料以外，键合工艺条件也会影响循环试验寿命。图4.15[10]显示，将键合温度提高到100℃和200℃，可以提高热循环测试的引线接头寿命。较高的键合温度延迟了接头处的裂纹扩展。图4.16[10]显示了键合处截面的晶相组织，室温键合的晶粒细小，而在200℃键合的晶粒明显变大。在高温键合中，铝的

㊀ 原文如此。作者此处对图4.14的解读有些费解。——译者注

再结晶、位错等的缺陷密度的降低，晶粒变大等被认为是延缓裂纹扩展原因。另外值得注意的是电极界面处的晶粒比引线内部的晶粒细。铝线键合工艺通常在室温下进行，有必要改造设备和基板来改变键合温度。利用上述键合界面的形变及再结晶对键合寿命影响的知识，在室温键合的情况下，也可以通过优化引线及电极材料有效提高热循环试验的可靠性。

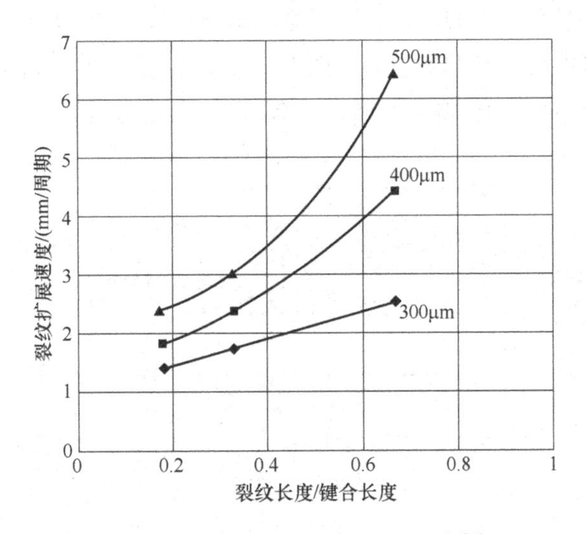

图 4.14　不同线径的裂纹扩展速度[3]

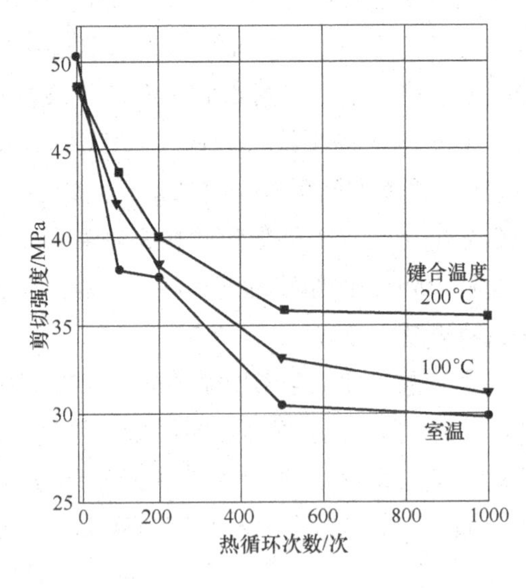

图 4.15　不同键合温度的铝线接头在热循环试验后的剪切强度[10]

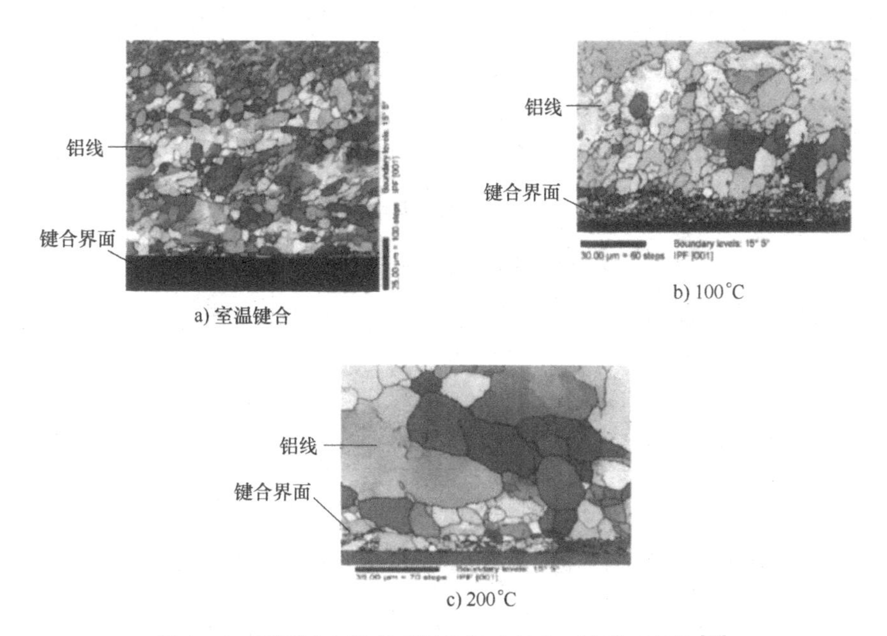

a) 室温键合　b) 100℃　c) 200℃

图4.16　不同键合温度下铝线键合处截面的微观结构[10]

据报道，在将引线键合到绝缘基板的铜膜上时，工艺期间的温度升高会导致铝铜之间的界面生成金属间化合物（Intermetallic Compound，IMC），造成强度和电特性恶化。图4.17[3]显示了这种金属间化合物的厚度与导线抗拉强度和剥离比例之间的关系。随着Cu-Al系IMC相厚度的增加，抗拉强度降低，剥离比例提高。当IMC相的厚度为1.4μm以上时，剥离比例急剧增加。生成的IMC相的种类包括Al_2Cu、AlCu和Al_4Cu_9等。IMC的生长对于确保初始键合强度是必需的，但是过度的生长可能会由于扩散速率的差异而形成柯肯达尔空洞（Kirkendall Void），从而导致失效。优化引线和待键合材料的组合以及键合结构等，可以有效控制IMC的增长并提高键合的可靠性。

能够提高功率循环寿命的引线和电极等正在开发之中。为了提高引线的耐热性，正在研究一种重结晶温度高于175℃的新型铝线[6]。一般认为，在功率循环试验之后，常规铝线的晶粒会变粗，但新型铝线可以抑制晶粒尺寸的变化。下一节还将介绍线材的开发，其中利用了基于失效机理进行的成分设计和微观结构控制。

此外，铝电极材料的改善也可以间接地提高键合可靠性。在铝电极表面形成镍保护膜，从而将功率循环寿命提高3倍[11]。再结晶温度高的镍膜在试验中可以抑制电极表面晶粒的粗大化。镍的线膨胀系数比铝更接近硅，有望减轻在芯片表面电极中产生的热应变。

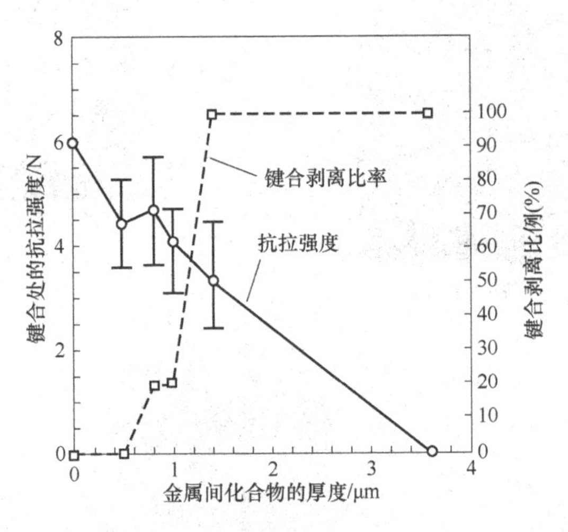

图 4.17　键合处的化合物厚度与抗拉强度及剥离比率的关系[3]

4.4 键合线材料

4.4.1 铝合金线

功率器件的引线一般使用铝线。高纯（纯度为 99.99%）的铝是一种易于变形的柔软材料，适用于楔形键合。为提高引线强度、键合可靠性和生产率等，通常使用添加其他元素的铝合金。已经根据用途不同而分别开发了含量低于 1% 的含有 Si、Mg、Cu、Mi 等元素的铝合金线。图 4.18 显示了添加元素对拉伸强度和伸长率等引线重要机械性能的影响[12]。添加 Si 和 Mg 改善了铝线的强度和延展性。根据这些特性，Al-1% Mg 等引线已被用于功率器件。除了材质之外，人们也根据线径、键合形状和工作温度等来选择合适的线材。

为了寻找高温环境下可靠性更高的新型铝合金，在材料开发过程中提出了分别添加 Cu 和 MgSi 等的引线。迄今为止，添加元素一般都是以固溶体的形式，但是也开发了析出型 Al-0.5 质量% Mg_2Si 之类的新型铝合金。图 4.19 显示了在高温测试条件（100～150℃）下，Al-0.5 质量% Mg_2Si 引线的功率循环测试寿命比 Al-50ppm 镍引线高 10 倍㊀。据报道，引线内部的 Mg_2Si 析出物阻碍了键合

㊀ 原文如此。插图中似乎未显示寿命信息。——译者注

界面处裂纹的扩展。

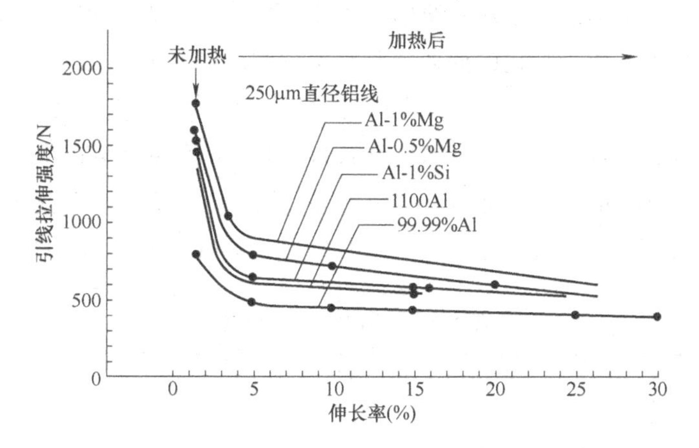

图 4. 18　铝合金线的拉伸强度与伸长率的关系

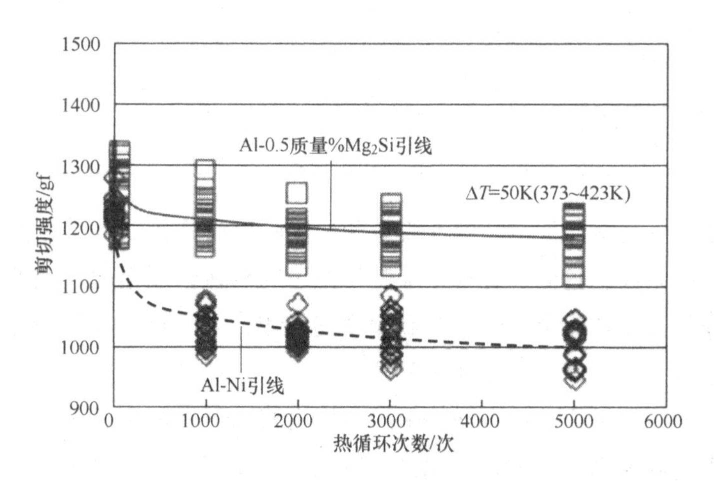

图 4. 19　铝合金线热循环试验后的剪切强度[10]

为了提高铝引线键合的长期可靠性，需要改进促使引线变形的键合装置，提高键合温度并优化压力和超声波振动等的工艺参数。用于导通大电流的铝线键合的性能有望在今后得到提高。

4. 4. 2　铜键合线

要发挥 SiC 半导体的耐热性，必须保证引线在 200 ~ 250℃工作温度下的可靠性。铝的再结晶温度低，加热时存在强度和屈服强度降低的问题。在铝的可能替代材料中，铜备受期待。如表 4. 3 所示，铜的特性是电阻率低，弹性模量和刚性较高。

铜线已经在球形键合中最先使用，并且已有线径为 25～50m 的铜线被用于功率器件。然而，由于氧化的问题，难以实现细线的窄间距键合，因此迟迟不能用于 LSI。近来已经开发出表面具有钯（Pd）薄层的铜线。覆钯铜线克服了铜在抗氧化性、可焊性和长期可靠性方面的缺点，具有可与金比拟的优良性能。覆钯铜线（EX1）的接合强度看起来优于铜，与金一样高。在高湿加热试验中，铜线与铝电极之间的键合强度降低，而 EX1 的键合部的寿命延长[14]。

表 4.3　铝和铜的基本特性

特性	铝	铜
电阻率/(μΩ·cm)	2.7	1.7
导热系数/[W/(m·K)]	235	400
线膨胀系数/(ppm/K)	23.1	16.5
弹性模量/GPa	约 70	约 130
屈服强度/MPa	20～40	40～80
熔点/℃	660	1083

将铜线用于功率器件，其弹性模量和屈服强度高于铝线，重结晶温度偏向高温，线膨胀系数也较低，有利于抑制高温下的机械性能退化。铜的低电阻率和高热导率使其非常适合大电流和高频率的应用，并且可以在保持电特性和强度相同的情况下，使用比铝更细的引线。

另一方面，铜引线在功率器件中的应用也存在引线强度和键合温度高等问题。由于铜的硬度和加工硬化比铝高，所以当引线变形时，电极下方的芯片可能出现裂纹等损伤。此外，为了提高铜线与电极之间的键合强度，引线键合时需要加热元件和基板。铝线键合通常是在室温下进行的，而对铜线键合设备则正在研究引入加热阶段等的改进。

为了提高铜线在键合中的塑性，一般使用无氧铜及高纯度铜等软质线材。人们也在研究使用更细的铜线，这样施加更小的压力就能达成同样的形变，同时也可以降低损伤。

关于铜线楔形键合的评估报告越来越多。据报道[15]，研发中 IGBT 采用线径为 500μm 的铜引线，可以将功率循环试验寿命提高到铝的 10 倍以上。

使用 500μm 和 300μm 线径的铜线，评估其与 DBC 覆铜基板上的铜膜的键合质量。图 4.20 比较了具有不同线径的铜线和铝线的接头强度。铜线的抗拉强度或抗剪强度比铝线的对应强度高 67%，确实具有很高的键合强度。由于铜线线材本身的抗拉强度比铝高大约 70%，因此键合强度的差异来自于材料本身的强度差异。考虑到铜的加工硬化性比铝高，铜线键合时设定的压力也相应地稍高一些。

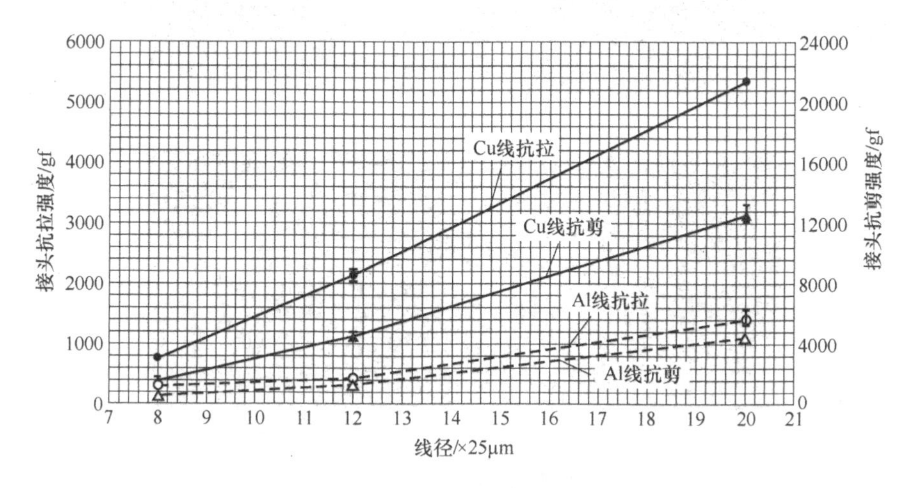

图 4.20　Cu、Al 线的键合强度、剪切键合强度[16]

在铜线键合铜膜的情况下，如果在初始阶段能够确保良好的键合，则 Cu/Cu 同质结合应该保持很高的可靠性。如前所述，铝线和铜膜的键合强度可能随着金属间化合物在界面的生长而降低。如果可以使用铜线与 DCB 板键合，那么将增强高温工作时的可靠性。

铜线和铜膜键合时的工艺窗口比铝线的狭窄。DCB 基板表面形成的氧化铜影响了键合质量。已经证实，在键合之前用 Ar + H_2 等离子体清洁 5min，可以明显提高铜线的键合强度[16]。

实践已经确认了线径 150μm 的铜线可以在功率半导体中替代线径为 250 ~ 375μm 的铝线[17]，其特点是利用生产率高的球形键合。图 4.21 显示了铜线球形键合接头的照片。传统上，用于球焊的铜线线径上限约为 75μm，为了使用直径为平时两倍的铜线，必须对所用铝电极以及焊球形成条件等做出选择。如果使用含有 0.5% Cu 的铝电极进行评估，那么当厚度为 4μm 时，存在球形键合时的损坏问题；改用 10μm 的铝后，损伤得到抑制并且得到了很高的键合强度。为了满足通过大电流的要求，需要在电极上键合多条引线，能够使用已被实践检验过的铜线球形键合技术是一个优势。

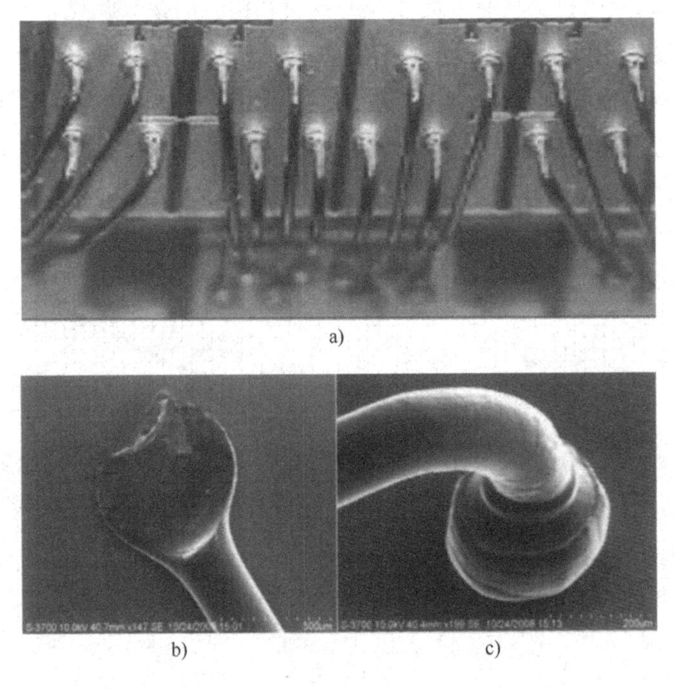

图 4.21 铜线球形键合（150μm 直径）[17]

4.4.3 银和镍材料作为键合线的适用性评估

除铝和铜以外，还提出了几种用于功率器件的键合线材料。银线的可塑性比铜好，有望减少对芯片的损伤。线径 200μm 的银线与铝电极的键合接头在高温存储试验（300℃、10h）[18]中，初期情况良好，但是在持续试验后发生退化。不过有报道已经证实在高温存储后，银线与 Ag 电极和 Au/Ni 电极的键合强度保持良好。因此，通过选择电极材料，可以将其用作 SiC 的高温封装材料。

此外对镍线也已经进行了 SiC 高温封装的评估。虽然只是直径为 25μm 的细线，但对于 SiC 芯片上的镍电极，可以获得良好的同质金属键合，未来预计将进行可靠性之类的评估。

4.4.4 包层引线

传统单一结构的键合线难以同时满足未来功率器件的高温可靠性和键合工艺效率的要求，已经提出具有包层结构的能够发挥两种类型金属优点的键合引线，并且开发了铜表面包裹铝层的包层线。图 4.22 显示了 Cu/Al 包层引线键合处的横截面，该引线铝层较厚，体积比为 30%[20]。在利用铜线的高可靠性和高导电性的优点的同时，表面覆铝可以增强键合质量。图 4.23[21] 显示了熔断电流，该熔断电流可作为最大允许电流的一个指标。包层线的熔断电流比铝线的熔断电流大 30% 左右，因此其可以承载更大电流。

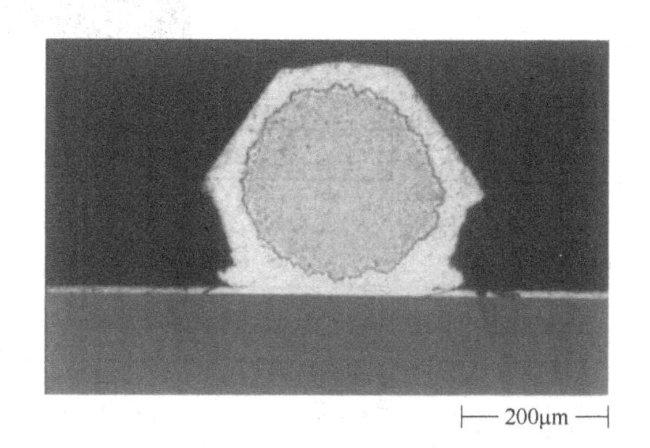

图 4.22　包层引线键合截面

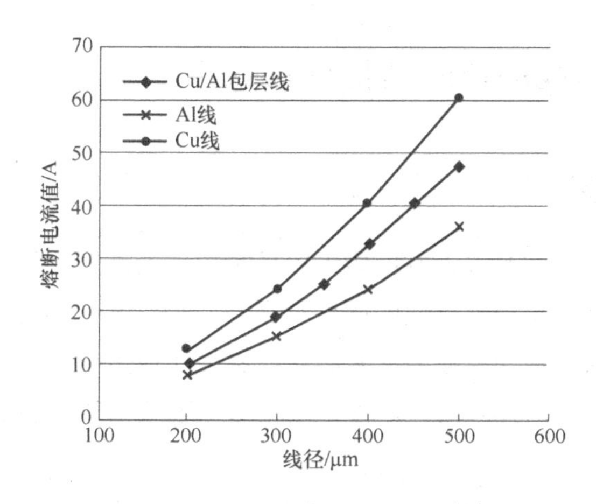

图 4.23　包层引线的熔断电流[21]

包层线和铝电极的键合，其抗剪强度高于铝线，对芯片的损伤低于铜线。包层引线的功率循环试验的寿命比铝线提高 4 ~ 5 倍，到铜线的一半的水平。

人们对铜线在功率器件中的应用抱有很高的期望，但为了实际应用，现在还正在解决材料、设备和封装结构等问题。包层线可以在现有的键合设备上利用铜和铝的优点，所以可以认为其实际应用的门槛相对较低。另一方面，增加层数和 Al/Cu 界面后，确保其性能稳定性并降低成本是今后的任务。图 4.24[5]

显示了每种引线材料的技术挑战和可靠性之间的关系。至于包层线的开发定位，应该可以比较容易地替换铝，或许在未来铜的实用化之前起到过渡作用。

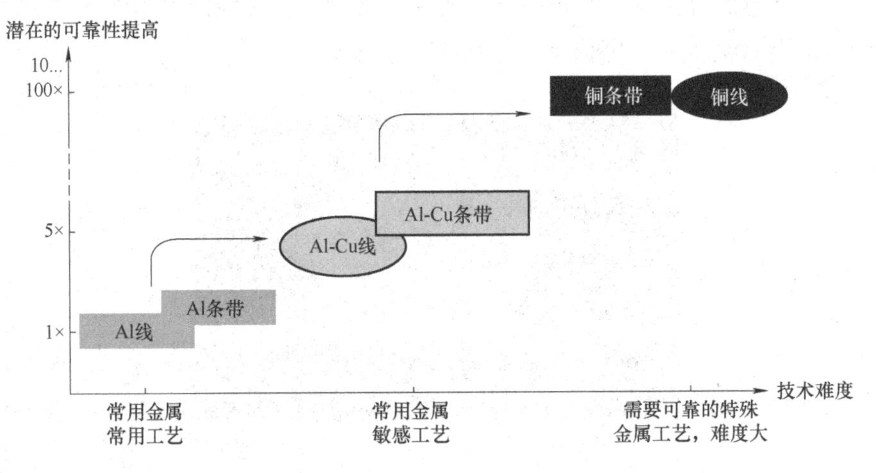

图 4.24　Al、Cu、包层引线中的技术挑战与键合可靠性的关系[5]

4.5　替代引线键合的其他连接技术

4.5.1　铝带连接

要满足电流增加的要求，不可能无限增加引线的线径。尽管可以使用多引线键合，但是存在效率和可靠性的问题。在某些功率器件和混合封装中使用矩形条带键合的方法来增加导线的横截面积，该方法使用的铝带尺寸通常为 2mm 宽和 0.2mm 厚。键合方法是超声波热压键合，可以使用与铝线楔形键合基本相同的设备和技术。

图 4.25[21] 是铝带与铜基板上的化学镀镍金电极的键合部横截面。为了有效地将超声波传输到键合界面，需要选择选择合适的压力。用铝带替代铝线，现在已经投入实际应用中。

铝带键合的优点有望被用来减小布线电阻并提高生产率。在一些功率器件应用中已不能忽略引线电阻，因此可以使用铝带增加面积来降低电阻。另外，由于键合次数减少，因此有望提高生产率。这可能降低线弧高度，有望因此实现设备的小型化。另一方面，铝带键合的缺点是键合方向上的自由度不如铝线键合，在批量封装过程中必须注意。另外据报道，和线材一样的是，为提高材

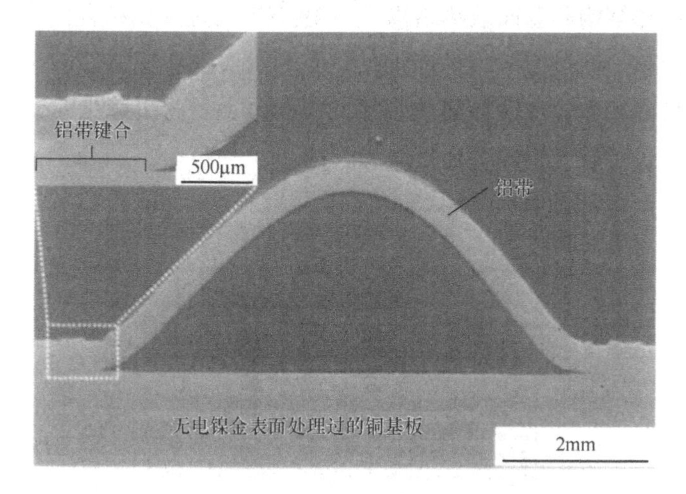

图 4.25　铝带键合截面[21]

料可靠性，对包层结构的条带材料也进行了开发。图 4.26 显示了 Al/Cu 包层条带键合的外观[5]。

图 4.26　Al/Cu 包层条带键合的外观形状[5]

4.5.2　引线框焊接

功率器件的功率密度不断增加的同时，芯片面积也在缩小，仅通过引线键合导出电流是不够的。此外，模块中的引线数量增加，生产效率的下降也不容忽视。目前正在开发替代引线键合的新接线技术。

为了获得更高的功率密度和生产效率，已经开发了一种引线框架的焊接方法。它已经作为混合动力汽车逆变器的双面散热模块投入实际使用。图 4.27 显示了传统的散热结构和双面散热结构[22]，该结构通过金属结合固定功率器件的上下两面来散热。通过使散热性能加倍，有利于实现功率器件的小型化和高功率输出。器件的表面通过铜导热块焊接到引线框上。为了减少对器件表面电路的损伤，正在进行软无铅焊料连接等的改良。

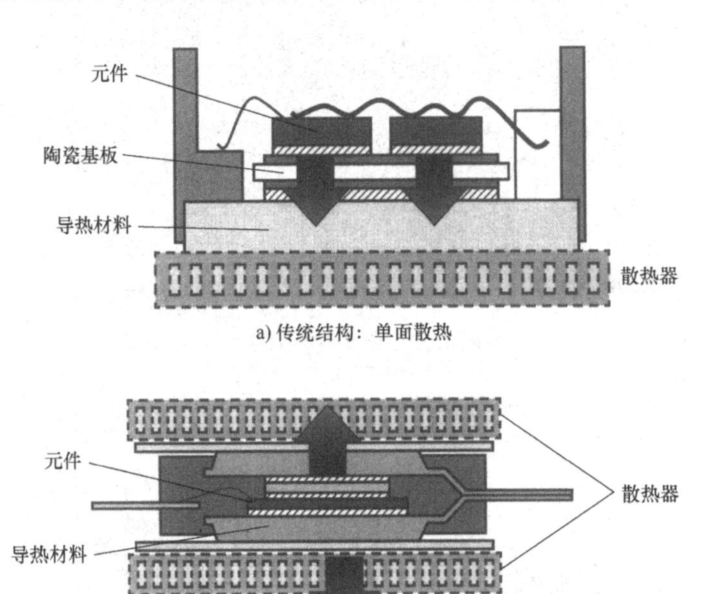

图 4.27　功率模块的散热结构[22]

用于汽车和电力轨道机车的电力电子产品必须具有高功率密度、高集成度和高可靠性，人们将继续发展功率模块的连接技术以满足这些需求。

4.6 结论

在车载电子设备和工业设备中广泛使用的逆变器设备正在向高效率和小型化发展，相应的功率模块和 IGBT 的封装技术中，承载大电流的引线键合技术非常重要。本章阐释了在功率半导体正向更高功率密度发展之际，由热应力引起的引线键合部的疲劳损伤及其支配机制，以及能够提高可靠性的铝线键合技术及材料，并简单介绍了替代铝的耐热新线材，以及不用引线的新的布线技术等。

随着功率器件市场的扩大，对性能的需求将更加多样复杂。随着备受期待的新一代 SiC 和 GaN 功率半导体的实现，这些需求肯定会进一步提高，包括引线键合和外围组件在内的封装技术的性能和可靠性在未来将继续发展。

参考文献

[1] 松永俊宏，須藤進吾，上貝康己，吉原邦裕：パワーモジュールの信頼性評価・接合技術，三菱電機技報，**79** No. 7（2005），447-450.

[2] Keisuke Ozaki, Toshiki Kurosu, Jin Onuki; Development of damage free thick Al-Cu wire bonding process and reliability of the wire bonds, Electrochemistry, 82-2 (2014), 100-103.

[3] 塩川国夫；大電流用アルミワイヤボンディング技術，軽金属溶接，51-3（2013），82-87.

[4] Masakatsu Maeda, Yasuhiro Yoneshima, Hideki Kitamura, Keita Yamane and Yasuo Takahashi; Deformation behavior of thick Aluminum wire during ultrasonic bonding, Materials Transactions, 54-6 (2013), 916-921.

[5] Ling Jamin, Xu Tao, Chen Raymond, Valentin Orlando, Luechinger Christoph; Cu and Al-Cu composite-material interconnects for power devices, Proceedings of Electronic Components and Technology Conference (2012), 1905-1911.

[6] 百瀬文彦，齊藤隆，西村芳孝；175℃連続動作を保証する IGBT モジュールのパッケージ技術，富士電機技報，86-4（2013），19-22.

[7] Yoshitaka Fujii, Yoshiki Ishikawa, Shunsuke Takeguchi, Jin Onuki; Development of high-reliability thick Al-Mg2Si wire bonds for high-power modules, Proceedings of the International Symposium on Power Semiconductor Devices and ICs (2012), 279-282.

[8] Merkle Lutz, Sonner Marcus, Petzold Matthias; Developing a model for the bond heel lifetime prediction of thick aluminium wire bonds, Soldering and Surface Mount Technology, 24-2 (2012), 127-134.

[9] 上貝康己；パワーモジュールアルミボンディングワイヤーの疲労強度信頼性，日本機械学会年次大会講演論文集 1（2003），157-158.

[10] Wei-Sun Loh, Martin Corfield, Hua Lu, Simon Hogg, Tim Tilfold, C Mark Johnson; Wire bond reliability for power electronic modules-Effect of bonding temperature, International Conference on Thermal, Mechanical and Multi-Physics Simulation Experiments in Microelectronics and Micro-Systems (2007)

[11] Yoshinari Ikeda, Hiroaki Hokazono, Shigeru Sakai, Tomohiro Nishimura, Yoshikazu Takahashi; A study of the bonding-wire reliability on the chip surface electrode in IGBT, Proceedings of the International Symposium on Power Semiconductor Devices and ICs, (2010), 289-292.

[12] George G. Harman; Wire Bonding Microelectronics, McGraw-Hill, 45-53.

[13] Tomohiro Uno, Takashi Yamada; Surface-Enhanced Copper Bonding Wire for LSI, Proceedings of 59th Electronic Components and Technology Conference

(2009), 1486-1495.

[14] 宇野智裕, 木村圭一, 寺嶋晋一；耐酸化・接合性・長期信頼性に優れた高機能複層 Cu ボンディングワイヤ EX1 の開発, 日本金属学会 まてりあ, 50 (2011), 30-32.

[15] D. Siepe, R. Bayerer, R. Roth; The Future of Wire Bonding is? Wire Bonding!', Proceeding of CIPS 2010,, Paper 3.7.

[16] Ling, Jamin; Xu, Tao; Luechinger, Christoph; Large Cu wire wedge bonding process for power devices, IEEE 13th Electronics Packaging Technology Conference, EPTC (2011), 1-5.

[17] Jiang Yingwei, Sun Ronglu, Yu Youmin, Wang, Zhijie, Study of 6 mil Cu Wire replacing 10-15 mil Al wire for maximizing wire-bonding process on power ICs, IEEE Transactions on Electronics Packaging Manufacturing (2010), 33-2, 135-142.

[18] 巽宏平, 濱田賢祐, 武内彰；パワーデバイス用高耐熱ワイヤボンディング, Symposium Microjoining Assembly Technology Electron, 22 (2012), 35-38.

[19] Burla, Ravi K., Chen Li, Zorman Christian A., Mehregany Mehregany; Development of nickel wire bonding for high-temperature packaging of SiC devices, IEEE Transactions on Advanced Packaging (2009), 32-2, 564-574.

[20] Krebs Thomas, Duch Susanne, Schmitt Wolfgang, Kotter Steffen, Prenosil Peter, Thomas Sven; A breakthrough in power electronics reliability-New die attach and wire bonding materials, Proceedings of Electronic Components and Technology Conference (2013), 1746-1752. 2013

[21] Semin Park, Shijo Nagao, Tohru Sugahara, Katsuaki Suganuma, Source: Mechanical stabilities of ultrasonic Al ribbon bonding on electroless nickel immersion gold finished Cu substrates, Japanese Journal of Applied Physics, 53 -4-6 (2014), 1-6.

[22] 坂本善次, 平野尚彦；車載用パワーエレクトロニクス製品の紐解きと, 両面放熱パワーモジュールの実装技術, 溶接学会誌, 80-4 (2011), 22-26.

第 5 章

芯片贴装技术

5.1 芯片贴装

芯片贴装需要为高功率 Si 功率半导体和 LED 等有效地导出热量，并从结构上作为承载大电流的电极，当然还需要尽量避免空洞和裂缝等缺陷的产生。传统上芯片贴装一直使用高温焊料或导电胶。自 2014 年起，RoHS 规定已经不再坚持要求无铅高温焊料，因此芯片贴装中使用高铅焊锡的例子也很多。图 5.1 显示了典型的芯片贴装状态及其 X 射线透射图像，可以看到其中形成了很多空洞。常规半导体重视成本，且认为空洞的形成是难以避免的，因此并无严格要求。但是宽禁带半导体的芯片贴装需要将显著提高的功率密度产生的更多热量有效地传导到散热器上，尤其是如果在结的正下方形成一个大空洞，那么势必会有严重的影响。稍后还会谈到空洞的问题。

典型的芯片贴装材料及工艺如下：

1）焊料：高铅焊料，Au 基焊料，Sn 基焊料，Bi 基焊料，Zn-Sn 系焊料，纯锌焊料等。

2）瞬态液相（Transient Liquid Phase，TLP）键合：利用（Cu、Ni）-Sn 体系反应，利用（Ag，Au）-In 叠层反应。

3）导电胶：Ag 粒子分散环氧体系。

4）金属粒子烧结：金属纳米粒子（Ag、Au、Cu、Mi 等），金属微粒（Ag、Cu 等）。

5）金属膜键合：固相键合（Ag 膜等），应力迁移键合（SMB）。

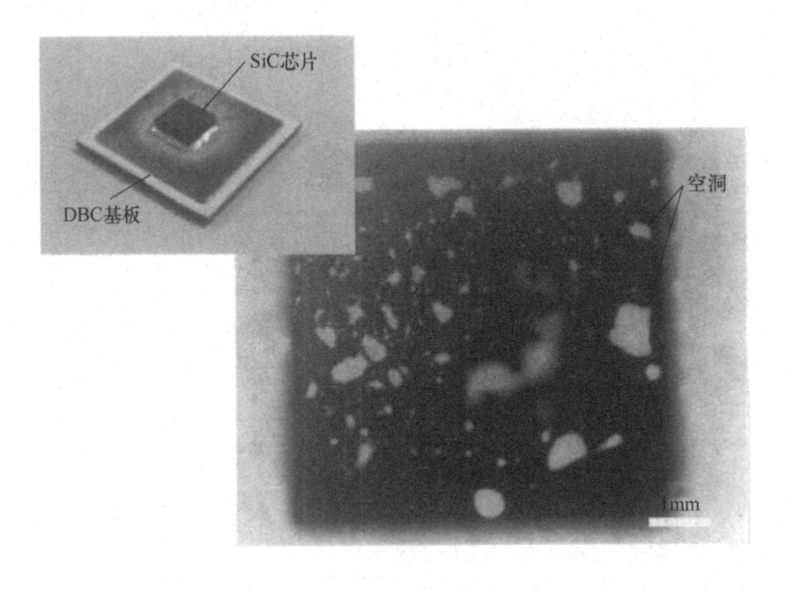

图 5.1 DBC 基板上以 Pb-5Sn 贴装 5mm 见方的 SiC 芯片的 X 射线透射图像

表 5.1 总结了其主要功能和缺点。其中，Sn-Ag 和 Sn-Cu 等中温无铅焊料和导电胶目前被广泛用作 Si 和 LED 的芯片贴装材料，但本章将其省略，更多相关信息请参阅本章参考文献［1，2］。另外，新材料和新工艺技术随着各种创新不断涌现，在本章的最后将简单地介绍两种代表性的方法。

表 5.1 芯片贴装材料/工艺技术比较

用　途	典型材料	备　注
焊料	高铅焊料 Au 基焊料 Sn 基无铅焊料 Bi 基焊料 Zn-Sn 系焊料 纯锌焊料	1）高铅焊料不耐热，不符合无铅化要求； 2）Sn-Ag 和 Sn-Cu 也被使用，但不耐热； 3）工艺时间短； 4）根据用途不同，高热导率、耐热疲劳特性不同； 5）纯 Zn 性能优异，但回流温度高
TLP 键合	(Cu, Ni, Ag)-Sn 系 (Au, Ag)-In 叠层膜	1）Sn 基金属间化合物形成带来耐热性； 2）键合层脆，有孔洞形成； 3）残存液相处理； 4）需要长时间处理
导电胶	Ag 粒子分散环氧树脂	长时间耐热性能依赖于树脂（对于环氧树脂约为 150℃）

（续）

用途	典型材料	备注
烧结	金属纳米粒子 金属微粒/薄片 氧化物颗粒（Ag、Cu）	1）Ag 基最有可能实现低温工艺； 2）纳米粒子价格昂贵，键合层均一性处理难度大，需加压且温度超过 250℃； 3）产生氧化物孔隙
金属膜固相键合	固相键合（Ag、Cu） SMB（Ag）	1）可具有高强度和高热导率； 2）固相键合必须加压； 3）Ag 在空气中，Cu 需要在惰性气体中
其他	表面活性化常温键合 光常温键合	1）表面活性化为高真空下的离子辐照，要求接合表面平整； 2）光常温键合时间短，可在空气中进行

5.2 无铅高温焊料

表 5.2 列出了一直使用的高温焊料和最近提出的主要实用无铅焊料。除 Au 基焊料外，大多数无铅高温焊料都正在开发中，每种焊料都有其优缺点。由于许多系统会形成大量的金属间化合物，像 Zn-Al 和 Bi 这样的材料会变得硬而脆，因此它们无法替代 Pb-Sn 系焊料这样需要柔软性的高温焊料。常规高温焊料的要求之一是“承受 250～260℃的回流”，因此合金的熔点设计为 260℃以上也是一个主要限制。基本来说高温焊料的无铅化必须更改这一设计准则[⊖]。这样一来，芯片贴装的高温焊料必须满足的条件为：

1）能够缓和由于器件和基板之间的热膨胀系数差异而产生的应力；

2）在回流温度下，不造成焊接或封装退化；

3）可以加工成细线和薄板；

4）优良的导电性和导热性；

5）优异的抗疲劳性；

6）必须具有充分的可焊性；

7）不需要助焊剂；

8）产生的 α 射线少；

⊖ 这里的意思，读者可参考后面 Zn 基焊料部分内容理解。——译者注

9）成本低廉。

由于几乎不可能用单一类型的焊料满足所有这些特性要求，因此必须根据用途的不同区分使用。下面将介绍正在研究的每种无铅合金系统（Sn-Sb 系焊料，Bi 基焊料，Zn-Sn 系焊料，纯锌焊料）的特性及其技术发展面临的挑战。

表 5.2　主要的含铅和无铅高温焊料

<table>
<tr><th>合金系</th><th colspan="2">组成/(质量%)</th><th>固相线温度/℃</th><th>液相线温度/℃</th></tr>
<tr><td rowspan="8">高铅系</td><td rowspan="6">Pb-Sn 系</td><td>Sn-65Pb</td><td>183</td><td>248</td></tr>
<tr><td>Sn-70Pb</td><td>183</td><td>258</td></tr>
<tr><td>Sn-80Pb</td><td>183</td><td>279</td></tr>
<tr><td>Sn-90Pb</td><td>268</td><td>301</td></tr>
<tr><td>Sn-95Pb</td><td>300</td><td>314</td></tr>
<tr><td>Sn-98Pb</td><td>316</td><td>322</td></tr>
<tr><td rowspan="2">Pb-Ag 系</td><td>Pb-2.5Ag</td><td>304</td><td>304</td></tr>
<tr><td>Pb-1.5Ag-1Sn</td><td>309</td><td>309</td></tr>
<tr><td rowspan="2">Sn-Sb 系</td><td rowspan="2">Sn-Sb 系</td><td>Sn-5Sb</td><td>235</td><td>240</td></tr>
<tr><td>Sn-25Ag-10Sb（J 合金）</td><td>228</td><td>395</td></tr>
<tr><td rowspan="3">Au 基</td><td>Au-Sn 系</td><td>Au-20Sn</td><td colspan="2">280（共晶）</td></tr>
<tr><td>Au-Si 系</td><td>Au-3.15Si</td><td colspan="2">363（共晶）</td></tr>
<tr><td>Au-Ge 系</td><td>Au-12Ge</td><td colspan="2">356（共晶）</td></tr>
<tr><td rowspan="2">Bi 基</td><td rowspan="2">Bi-Ag 系</td><td>Bi-2.5Ag</td><td colspan="2">263（共晶）</td></tr>
<tr><td>Bi-11Ag</td><td>263</td><td>360</td></tr>
<tr><td rowspan="2">Cu 基</td><td rowspan="2">Cu-Sn 系</td><td>Sn-(1-4) Cu</td><td>227</td><td>~400</td></tr>
<tr><td>Sn-Cu 粒子复合</td><td colspan="2">约 230</td></tr>
<tr><td rowspan="2">Zn 基</td><td>Zn-Al 系</td><td>Zn-(4-6) Al（-Ga，Ge，Mg）</td><td colspan="2">300~400</td></tr>
<tr><td>Zn-Sn 系</td><td>Zn-(10-30) Sn</td><td>199</td><td>360</td></tr>
</table>

1. Sn-Sb 系焊料

锡-锑（Sn-Sb）系是一种耐温度循环和抗疲劳的合金系统，人们在铅焊料中添加锑的时候就已经知道这一点。该合金体系没有共晶成分，液相线随锑的含量增加而增加。锑在约 200℃的高温下在 β-Sn 中可以固溶大约 10%，但在室温附近几乎不溶解。由于 Sn-5Sb 的熔点（液相线温度）约为 240℃，因此一般的回流焊会将其完全熔融。要成为通用高温焊料的替代材料，必须增加锑的含量。

关于该合金的结构，对于Sn-5Sb，在焊接时Sb固溶在β-Sn中，冷却时析出β-SnSb。此外，可以使用10%Sb来进一步将熔点提高到大约250℃，但即使这样也很难承受Sn-Ag无铅焊料的回流。和铅一样，在锡中添加锑可以降低表面张力，提高对基板的浸润性。添加锑原本可以有效提高铅焊料的强度，在Sn-Sb体系中，强度和硬度都随锑含量的增加而增加。其电阻值与高铅系焊料的电阻值相当。

Sn-25Ag-10Sb（J合金）是Motorola开发的用于芯片贴装的合金，其熔点约为365℃。仅看熔点是合格的，但是不幸的是，由于会形成大量的Ag_3Sn等物质，坚硬且易碎，因此其用途不是很广泛。

2. Bi基焊料

铋（Bi）本身的熔点为271℃，因此可以单独用作高温焊料的替代物。但是其晶体具有很强的各向异性并且很脆，电阻率和热导率也都不是很好，所以人们尝试添加银等以改善其特性。Bi-Ag系合金中，Bi-2.5Ag的共晶温度约为263℃。Sn-Ag无铅焊料的回流温度基本在250℃以下，但是考虑到基板上的温度波动，因此希望进一步提高该共晶温度。由于这个原因，银含量可以增加到接近12%，并且液相线温度可以设定为大约360℃。

图5.2显示了这种合金的典型结构。Bi原本的延展性差，这是令人担忧的一个问题，但是这取决于应变率而且变化会很大[4]。图5.3显示了拉伸伸长率随银含量增加的变化，在高速变形时伸长率降得很低的样品，在低速变形区域有大约50%的很大的伸长率。另一方面，添加银后，低速变形区的最大应变不如纯Bi，但是在高速变形侧，Bi-12Ag的伸长率可达20%。然而，在实验室评估的范围内，即使添加了银的Bi基合金也非常脆，其应用范围似乎很窄。Bi有脆的缺点，但是硬度不是很高，添加锡或锗能改善浸润性，添加少量的锡后合金对铜布线浸润良好，可以形成微小的凸点。

Bi基合金的一个问题是电阻率高和热导率差。与高铅焊料的电阻率约为17μΩ·cm相比，Bi基合金的电阻率高达110μΩ·cm。考虑到Au基和Sn-Sb系合金与高铅焊料电阻差不多，Bi基焊料的这个缺点进一步缩小了其应用范围。

3. Au基焊料

Au-Sn、Au-Ge和Au-Si等Au基焊料是少数已经实用化的无铅高温焊料。这实际上是因为其主要成分金是贵金属，对于不能加助焊剂的光学设备等非常

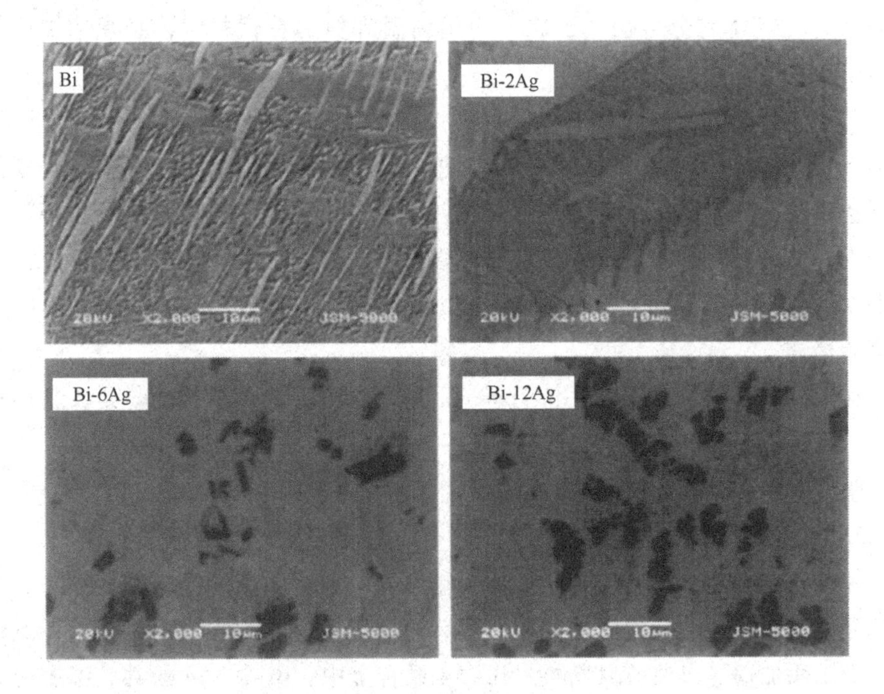

图 5.2　Bi-Ag 二元合金的结构[3]

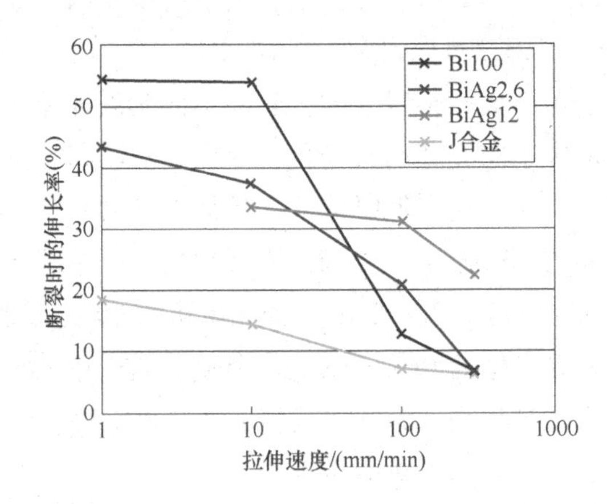

图 5.3　Ag 含量对 Bi-Ag 类焊料的最大伸长率的影响[4]

有用。但是，由于含有大量的金，因此价格非常昂贵。组成为 Au-20Sn 的合金，其共晶温度为 280℃。从相图推断，该合金为 δ-AuSn 相和 ζ-Au_5Sn 相（或 ζ′-Au_5Sn 相）的共晶结构。图 5.4 显示了它的典型结构，它具有非常细的层状结构，类似于 Sn-Pb 共晶焊料。但是，由于 Au-Sn 共晶焊料的两个相都是很硬的

金属间化合物，因此焊料本身硬度也很大。

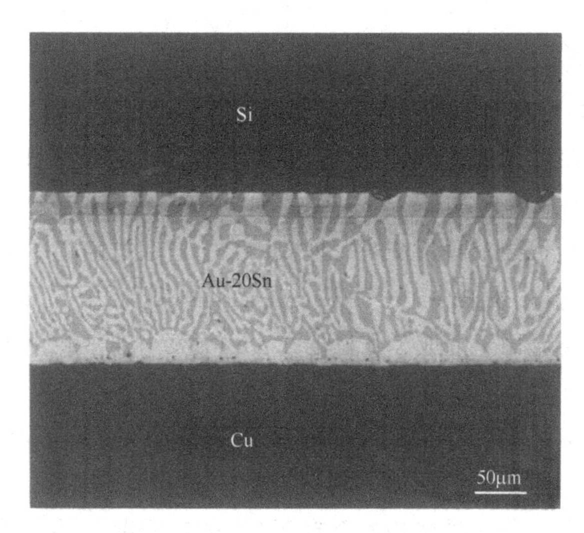

图 5.4 Au-20Sn 合金的芯片贴装结构（白色的部分为 ζ-Au_5Sn，灰色部分为 δ-AuSn）

Au 基合金的优点在于，除了熔点合适之外，它们与金电极具有优异的相容性，并且由于优异的抗氧化性，因此不需要助熔剂，非常适合光学产品等害怕污染和腐蚀的产品。另外一个优点就是其热导率和电阻值可媲美高铅系焊料或更优。表 5.3 总结了 Au 基高温焊料的主要特性，并将其与 Pb-Sn 系焊料进行了比较。

表 5.3 Au 基高温焊锡的特性

合金	熔点/℃	导热系数/[W/(m·K)]	热膨胀系数/ppm	屈服强度/MPa
Au-20Sn	280	57.3	15.9	275
Au-12Ge	356	44.4	13.3	185
Au-3Si	363	27.2	12.3	220
Pb-5Sn	308～312	23	29.8	14

Au 基焊料可以做成焊片或焊膏，或者通过气相沉积在接合部形成焊料层薄膜。金薄膜在硅芯片上不需要形成合金。例如，金膜在焊接温度下会发生 Au-Si 共晶反应以实现结合。Au-Sn 焊料还耐温度循环疲劳，并具有出色的抗氧化性。

但是，由于金价格昂贵，因此很难通用，并且由于其硬度高，还有缺乏应力松弛能力的缺点。

4. Zn 基焊料

对于 Zn 基焊料来说，由于纯 Zn 的熔点约为 420℃，因此可以形成熔点在 300～400℃的温度范围内的各种合金。早先就引起人们的关注的 Zn 基焊料是 Zn-Al 系焊料，共晶成分为 Zn-6Al，熔点为 380℃。该系列原本是为铝合金焊接或钢板的耐腐蚀电镀技术而开发的一种实用合金。通过向二元体系中添加少量的 Mg，可大大提高耐腐蚀性。尽管做了很多研究想把它用于无铅封装，但遗憾的是，这种三元合金由于形成了大量的化合物而变得非常脆，缺乏通用性。为了改善其特性，已经研究了各种合金，熔点范围是 300～360℃。

在 Zn 基焊料中受到关注的是 Zn-Sn 系。该二元合金具有 Zn-9Sn 的共晶成分，作为低温焊料更为人所熟知，共晶温度在 199℃。其特征在于在所有组成中不形成金属间化合物。虽然担心会在 200℃的较低温度下出现液体，但是只要将比例设计在允许范围内，就不会有什么问题。关键是设计标准设置在哪里。根据凝固现象的基本知识，“液相的体积比在约 30% 以下时，液体几乎不移动”，可以采用“将焊锡的液相比例控制在 30% 以下，芯片贴装的高温焊接就不会在 250～260℃的回流焊温度下受到破坏”作为合金设计的标准。250℃下液体的比例可以根据相图或 Scheil 的公式等估算，如果 Sn 在 30% 以下，则大致可以满足条件。实际合金的典型结构如图 5.5 所示[6]。

Zn-Sn 系焊料最大的特征是其延展性。其他的无铅焊料几乎都有硬且脆的缺点，但该系统不形成金属间化合物，具有极高延展性，如图 5.6 所示。图 5.7 中 Si 芯片贴装的截面显示出实现了均匀的接合，即使经过多次回流处理，形状也没有明显的变化[7]。但是，由于锌比较活泼，所以需要抑制焊接时的氧化和界面反应，TiN 等金属陶瓷能有效抑制界面反应。在 40～125℃的温度范围的耐热疲劳性非常好，在 Si 芯片贴装的评估试验中，到 2000 个循环都几乎没有变化。在同样条件下测试以往的高铅高温焊料的话，焊料本身会严重开裂。

Zn 基焊料唯一令人担心的是其耐腐蚀性不够。但是，在 85℃/85% RH 的严酷条件下对 Zn-20Sn 做 1000h 的处理，表面也没有氧化。Zn 基高温焊料与低 Zn 含量的合金有很大的不同，可以说是发挥了锌固有的优秀的耐腐蚀性性质。

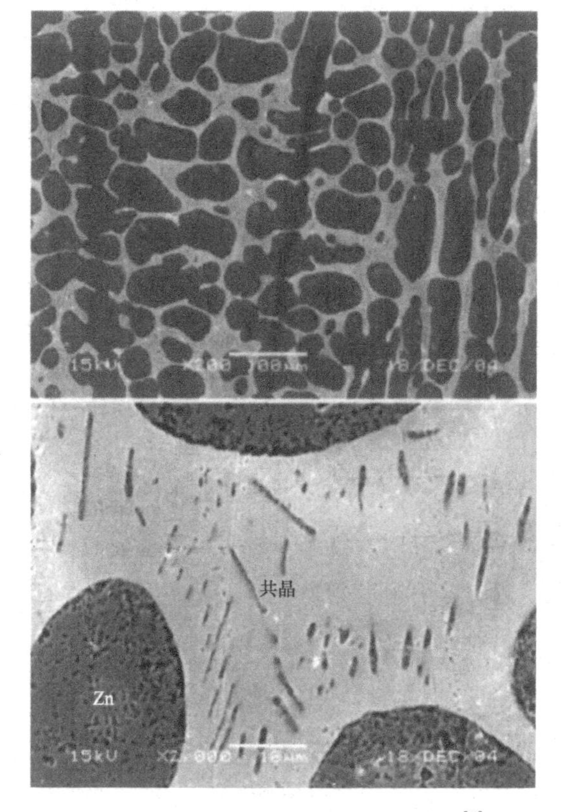

图 5.5　Zn-30Sn 系高温无铅焊料结构[6]

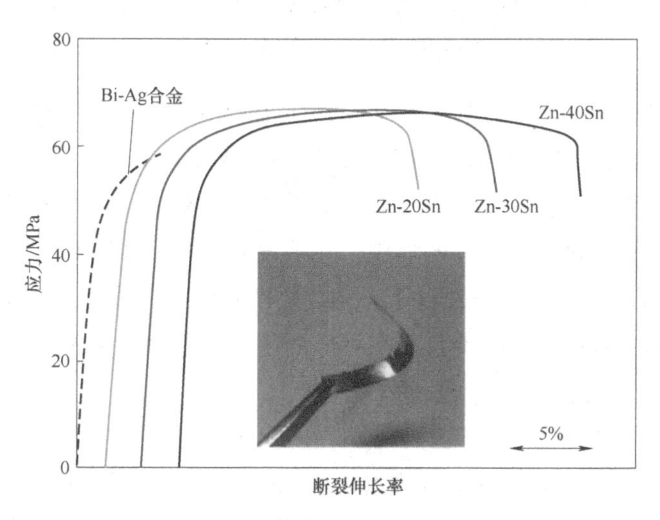

图 5.6　Zn-Sn 系焊料拉伸试验中的应力变形曲线㊀（Zn 基合金具有优异的延展性）

㊀ 图中右上原为 Zn-40Zn，已改为 Zn-40Sn。——译者注

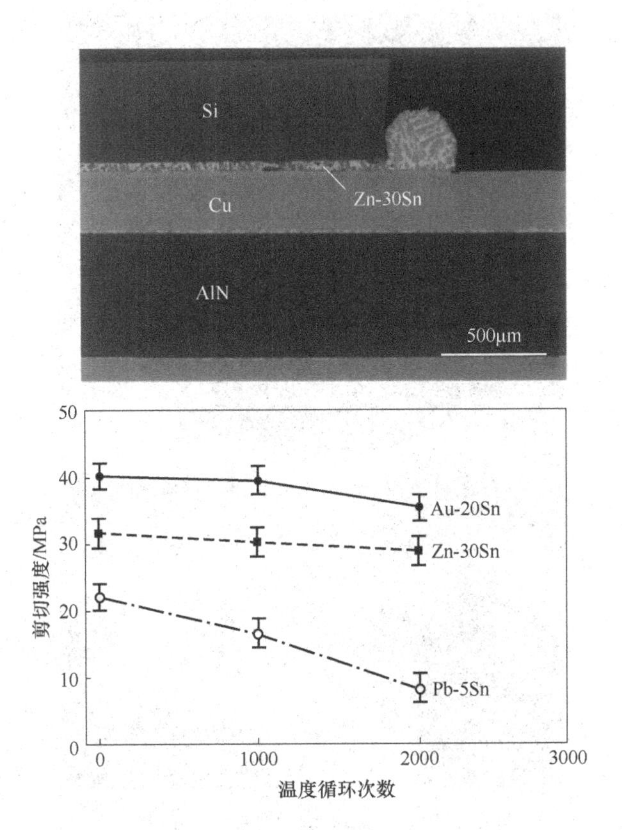

图 5.7　DBC 基板上的芯片贴装和 40～125℃温度循环后 Si/DBA 结合的剪切强度变化

对于宽禁带功率半导体的芯片贴装，Zn 基焊料中最有希望的是几乎 100%的纯锌焊料。纯锌焊料可承受 300℃ 的封装温度[8]。如上所述，锌的熔点为 420℃，在约 450℃的封装温度下实现了充分的芯片贴装。图 5.8 显示了 SiC 贴装的横截面结构，显示出良好的形貌，几乎没有空隙。如图 5.8 所示，即使在 -50～300℃的严酷温度冲击测试下，结合处也完全没有恶化。锌原料的价格远低于其他金属，有望实现廉价且高度可靠的超耐热芯片贴装技术。唯一的缺点是高达 450℃的焊接温度需要通过研发改善。

5. Sn-Cu 系焊料

锡-铜（Sn-Cu）系焊料的共晶组成为 Sn-0.7Cu，共晶温度为 227℃。可用于波峰焊和 BGA 等的球，但是没法作为高温焊料。在 Sn-0.7Cu 共晶组成的附近，液相线温度随铜含量增加而急剧上升。如果以 400℃以下为条件，则大约 5%的铜含量是上限。但需要注意的是，由于 Cu 含量高于共晶比例，所以会产

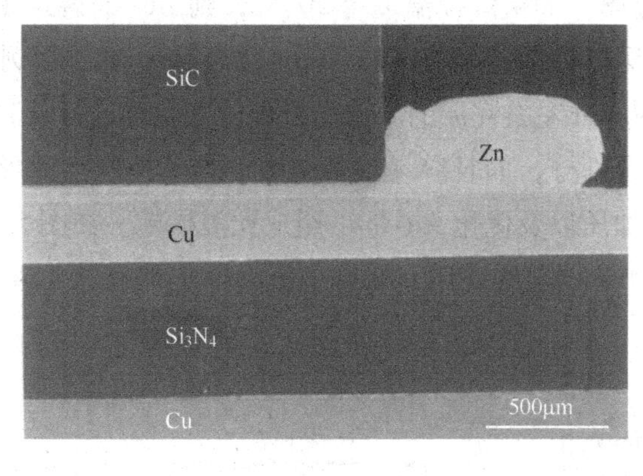

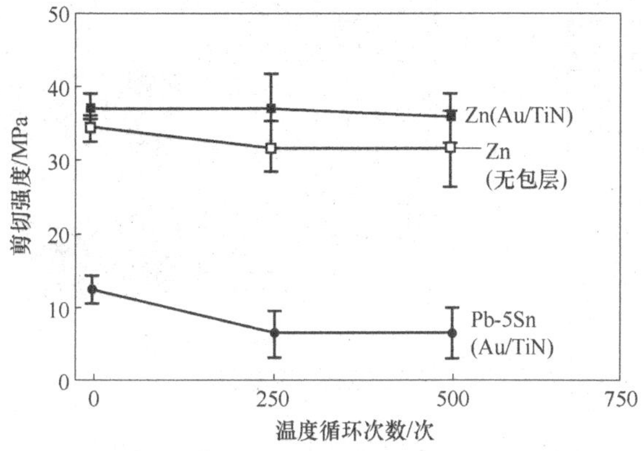

图 5.8　纯锌的 SiC 超耐热芯片贴装在 -50 ~ 300℃温度循环后的强度变化[8]

生大量粗大的 Cu_6Sn_5，使得材料变硬变脆。另外，在回流温度下即使形成了固体骨架，液相率高也是一个难点。除了 Bi 以外，其他金属熔化时体积几乎都会有较大膨胀，所以液相率较大的焊料会引起封装破坏和引线之间的短路，需要充分注意。

5.3 TLP 键合

瞬态液相扩散键合简称 TLP 键合，该法拥有悠久的历史，最初是作为 Ni 基超级合金等耐热性结构材料的结合方法而开发的[10]。基本思想是在结合界面处产生液相层，随后通过反应扩散处理逐渐提高液相的熔点，使键合层物质的熔点最终超过键合温度。

图 5.9 所示为使用 Au- In 叠层膜键合的 TLP 示例[11]。铟（In）是熔点为

156℃的低熔点金属，如果焊接温度为 200℃，则 Au-In 叠层中的 In 首先熔化。然后，In 和 Au 反应扩散，最终生成 AuIn 化合物。在图示例子中，键合是在 200℃的温度下 30min 左右完成的。根据报告，之后再进行长时间的扩散处理等也很难消除未键合部分，而且容易残留空隙。为了抑制空隙形成，需要采取长时间的热处理、加压以及优化 Au-In 的组成比等措施。在图 5.10 中显示了加压的效果，需要 3MPa 以上的高压，在这个压力下仍然有接近 40% 的未键合面积残留。

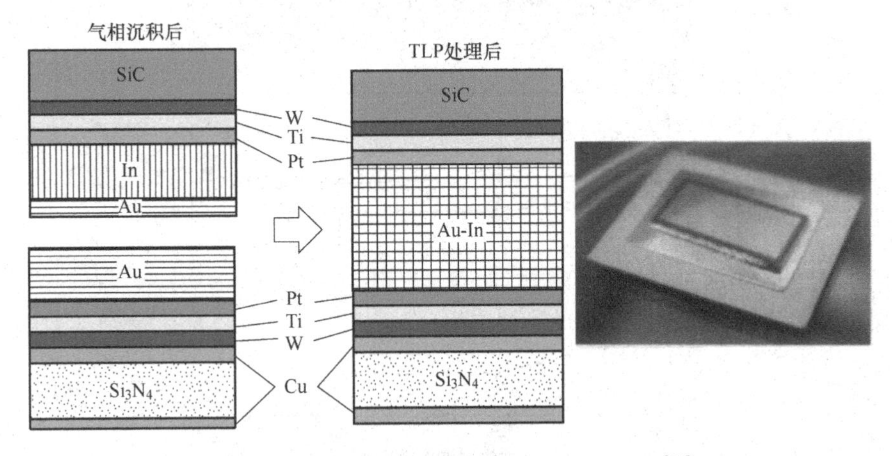

图 5.9　使用 Au-In 叠层 TLP 键合的 SiC 晶片[11]

最近，铜柱结构开始被用于面积阵列和小间距键合。在小间距键合中，开始使用一种方法，先在铜柱上镀覆或气相沉积一层锡焊料，焊接时引起过剩反应，形成 Cu-Sn 金属间化合物（Cu_6Sn_5）完成键合。这也是 TLP 键合的一种，由于锡的熔融温度为 232℃，所以如果在 250℃发生焊接反应，保持到没有锡剩余为止，则键合结构在 Cu_6Sn_5 的接近 400℃的熔点以下都可以保持。在芯片贴装中，只要使纯锡与铜电极反应，就可以使用同样的 TLP 方法[12]。在 400℃以下的温度，在 30min 到 2h 左右的时间内完成键合。这是一种不使用金、银等高价材料的低成本方式。

还提出了一种高温焊料键合方法，其中将铜粉与锡或锡合金粉混合，在锡的熔融温度下引起与铜粉的反应以形成复合结构。在这种方法的一个例子中，将锡或锡基合金在 250℃熔化，并维持该温度使之与铜粉末反应，最后形成 Cu_6Sn_5 网状结构。这样形成的结构可以承受 260℃左右的回流。该技术也可以应用于其他合金系统。可以将相同的方法应用于 Sn-Ag、Sn-Co 和 Sn-NMi 等的合金系。

这些 TLP 键合面临的挑战是所有合金系都会形成大量的脆性化合物。如果重视可靠性，就必须充分考虑在键合层中形成的脆性层，进行整体的结构设计。哪怕脆性层的存在对于精细焊接来说不是问题，但对于大面积芯片贴装则仍无法接受。其次，如果存在残留的低熔点相，则在设计时必须充分了解其行为，这对于 Cu-Sn 等来说尤其重要。另一方面，为了避免锡残留需要进行长时间处理或高温处理，也需要考虑如何缩短处理的时间，有些时候需要做一些降低空洞的处理，或者使用加压的必要手段来减少空洞。

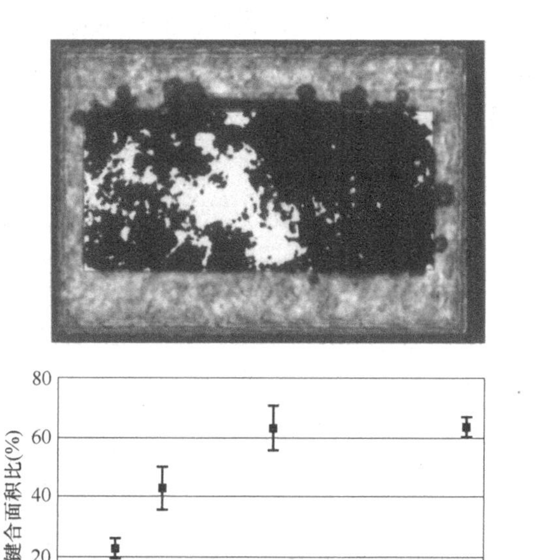

图 5.10　TLP 键合中芯片贴装缺陷的 SAT 图像和压力的影响[11]

5.4 金属烧结键合

当前宽禁带功率半导体芯片贴装的最有前途的技术是利用金属粒子烧结现象的金属烧结芯片贴装技术，在导电胶中混有负责连接的环氧树脂之类的聚合物，除此之外就是用来烧结结合电极的银颗粒。由于可以在约 200℃ 的低温下实现芯片贴装，因此该技术很有吸引力。

烧结键合的一个例子是在 1990 年前使用的高温烧结用的银膏（含有玻璃粉），但是结合层中存在玻璃相会降低热导和键合强度等性能。2000 年之后，开始试验将金和银纳米颗粒制成膏状作为结合材料[13,14]。通过在 250℃或更高的温度下对纳米颗粒膏剂加压，可以实现高强度键合。

然而，在使用纳米颗粒膏剂的烧结键合中，需要数 MPa 或更高的高压，并且仍然难以形成均匀的结合层。图 5.11 显示了压力对结合强度的影响[15]。实际上，由于金属纳米颗粒在室温下就能烧结，因此理想情况下室温键合应该是可能的。之所以无法实现，是因为纳米颗粒的分子保护膜，该保护膜由各种单分子和聚合物组成，在烧结之前必须除去。在大多数情况下，该温度都远高于 200℃，如图 5.12 所示。为了理解烧结程度，其中的电阻率是无加压烧结后的测量数据，纳米银的烧结需要 220℃以上[16]，这是因为纳米颗粒的胺保护膜的分解需要高温。如果没有保护膜的影响，那么室温下也可以键合[17]。

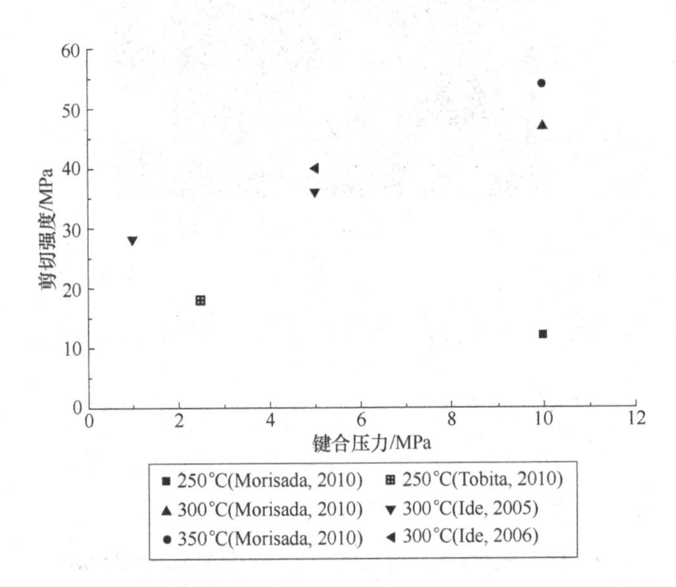

图 5.11　纳米银膏键合铜板的键合压力对剪切强度的影响[15]

在图 5.12 中，与纳米颗粒相比，微米颗粒（实际上是微米和亚微米颗粒的混合膏剂）在低温下的布线电阻值更低，这是因为在微米颗粒中没有牢固的保护膜，并且银具有一个特殊性质，即银是唯一的在 200℃左右时其氧化物会自发还原的金属。在 200℃的封装温度下，银和氧的相互作用会在金属表面产生某种清洁作用，因此，在大气中，表面净化和烧结反应都被激活。图 5.13 显示了当银微米颗粒烧结时，键合气氛中氧气浓度的影响[18]。在惰性气体中，强度非常低，当氧气浓度达到百分之几时，强度便开始急剧上升。另外，电极金属最好采用具有相同烧结反应的镀银。

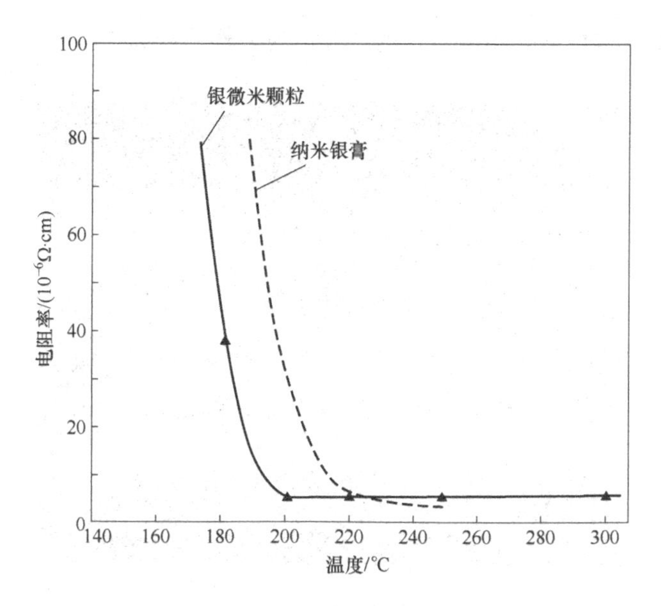

图5.12　烧结30min后，微米颗粒的体电阻率变化[17]，可以看出，在200℃下可以得到充分的烧结

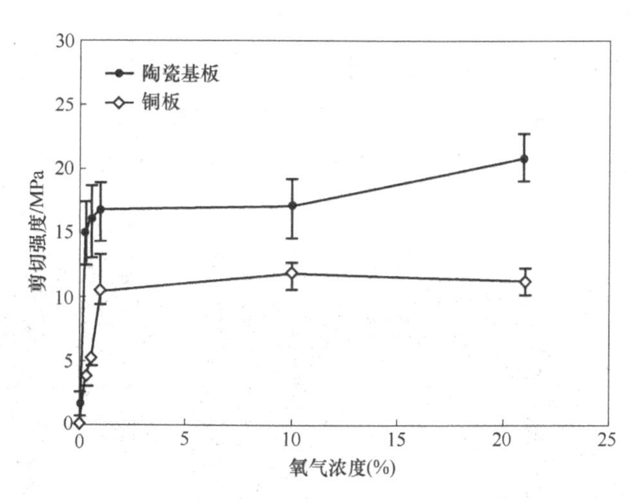

图5.13　键合气氛对LED芯片键合强度的影响[18]

通过使用微米银颗粒，在不加压的情况下也可以得到高强度芯片贴装。图5.14显示了200℃下LED芯片贴装的横截面结构[18]。通过形成微孔结构，在缓解应力的同时，可在确保连接强度与焊料相当。它也具有良好的导热性，在200℃下烧结键合30min可以达到140W/(m·K)。此外，由于银的烧结在空气中进行，因此不需要焊接所需的助焊剂和惰性气体。贴装的耐热温度接近银

的熔点 900℃，也可以使用银氧化物颗粒作为另外一种选择。

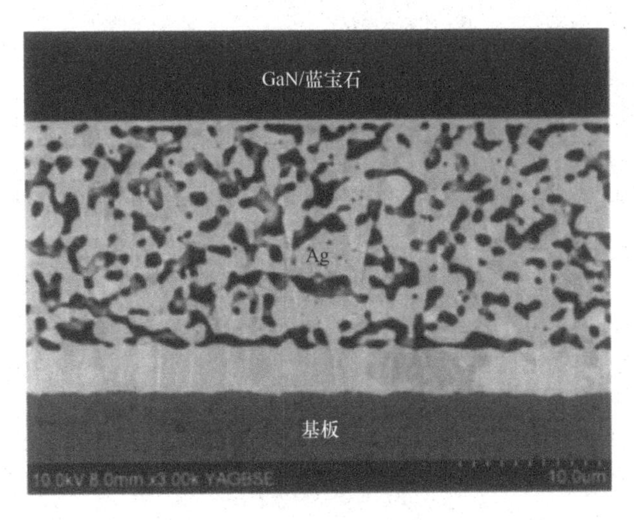

图 5. 14　LED 芯片银粒子烧结贴装的结构[18]

也有人尝试成本更低的铜颗粒来进行类似的烧结键合。铜在大气中容易氧化，需要采取抑制措施。尽管有可能使用氢或甲酸作为还原剂，但尚未获得足够的键合性能。图 5. 15 显示了在 350℃下使用 40MPa 的高压在氢气还原气氛中进行键合的示例，得到的剪切强度为 10 ~ 20MPa[19]。为了抑制氧化并活化表面，已经尝试了使用氢等离子体，但都仍在开发过程中，尚未成功实现低压键合。

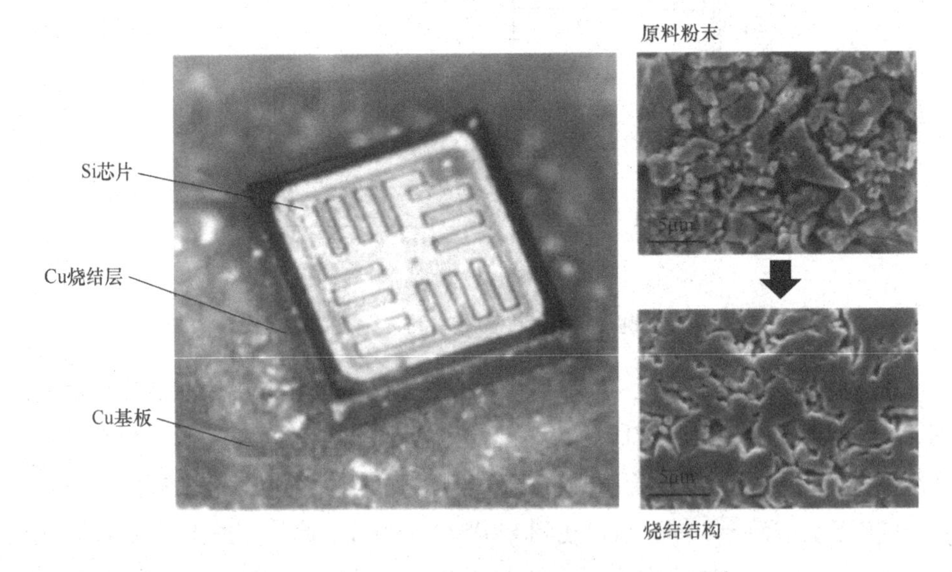

图 5. 15　铜颗粒烧结键合的芯片以及烧结结构[19]

5.5 固相键合和应力迁移键合

固态键合是金属和无机材料的经典结合技术。在金属中，原子扩散通常在其熔点绝对温度一半左右的温度（$T_m/2$）下变得活跃，可以进行烧结。对于银，熔点为1235K（962℃），一半的温度就是618K（345℃），但是估计在300℃以上就可以进行键合。另一方面，如果温度为300℃以下，则需要加压促进变形以使接触面紧密接触来实现键合。固相扩散键合已被尝试用在芯片贴装中，并且显示了一定程度的可行性。

图5.16是芯片和基板之间的银膜的固相扩散接合的例子[20]。键合温度为260℃，需要7MPa左右的压强。界面非常紧密地键合在一起，强度达到了破坏硅芯片的程度。其难点在于如何减少芯片周边部位未键合的缺陷和降低施加的压力。固相键合也可以使用铜等其他金属膜，但是需要惰性气体。

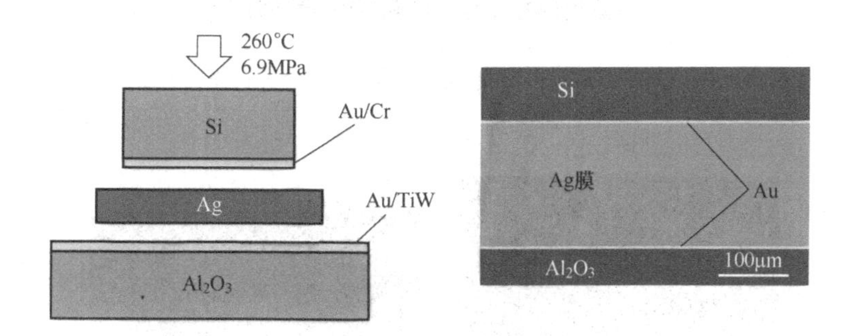

图5.16　使用银的固相键合的示意图和界面结构

图5.17展示的是作为新的键合方法开发的使用金属薄膜的压力迁移键合法[21-22]。Si和SiC芯片上的溅射银与芯片的热膨胀不同，在温度升高时受到压缩应力，该压缩应力在Ag膜/芯片的界面处高，向Ag表面方向减少。银原子沿这个应力梯度扩散，成为实现压力迁移键合的驱动力。通常，“迁移”一词指的是电子行业最让人头疼的失效机制，包括离子迁移、电迁移、热迁移以及压力迁移。而这里的方式则是利用这种压力迁移现象。如图5.18所示，当加热到250℃时，在具有Ag膜的Si芯片表面上密集地形成被称为小丘的凸起。由于小丘是Ag膜内原子向外扩散生成的，所以如果将两个Ag膜表面合在一起，它们之间的微小间隙就会被Ag原子完美填充。对Ag来说，其独特的能在大气中净化自己表面的特性很重要，其效果是促进小丘的形成以填补键合面的间隙，实现完美的键合。通过

优化条件，可以在低温、无加压的大气中实现无空隙的 Ag 膜键合。

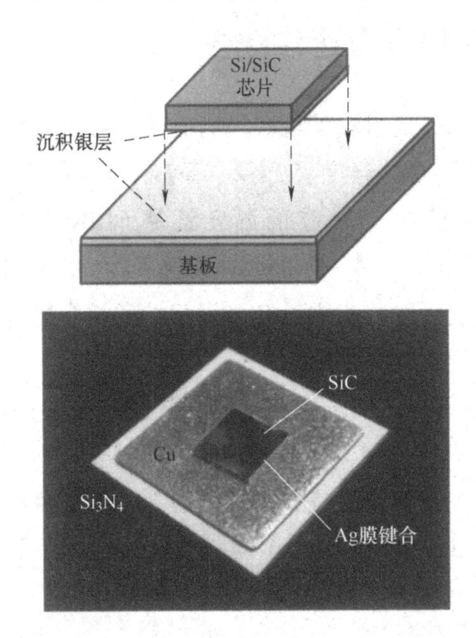

图 5.17 使用溅射㊀ Ag 膜对 SiC 晶片和 DBC 基板进行应力迁移键合[22]

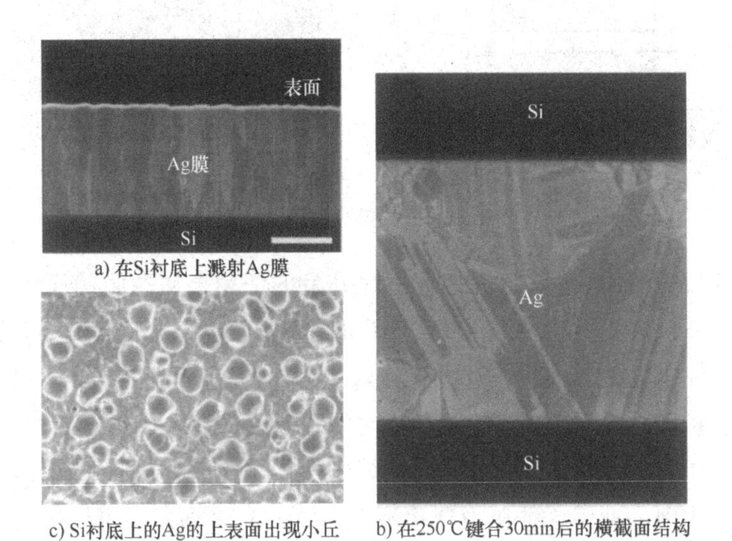

图 5.18 Ag 膜在应力迁移键合过程中的结构变化

㊀ 原图中为电镀银层，与文字不符。——译者注

5.6 空洞

芯片贴装质量是影响功率半导体可靠性的一个重要因素，空洞和界面剥离/裂纹是重要的缺陷。在贴装过程中形成的空洞，其大小、分布、位置等都对芯片贴装有重要影响，因此希望对芯片贴装过程进行充分的研究。有时会见到空洞在持续高温条件下形成和扩展的情况，镀层的质量、金属类型的组合等都有复杂的影响，还有待充分理解。实际应用中，在严酷的温度循环、功率循环等条件下施加较大的负载时，会发生界面剥离和开裂。焊料、DBC、DBA基板的疲劳和不同材料界面在高温和高湿环境中的反应和氧化导致的退化是其诱因。为了避免在实际应用中产生裂缝和剥离，可以采用在温度突变时也能避免应力集中的封装方式，以及有效的散热、冷却措施等。

图5.1显示了典型的芯片贴装之后的空洞，但是即使空洞大小相同，根据位置的不同，破坏起点的条件也不同。例如，如果空洞出现在FET芯片表面的结的正下方，成为一个热点，那是非常危险的。对于高频器件，则可能因为在高频波导中产生意外的驻波等带来产生不利影响。因此，尽量减少空洞对品质和特性的提高有很大的影响。

X射线透射法可以有效检查芯片贴装工艺的空洞。由于对空洞形成的强烈担忧，最近也广泛利用X射线CT法测量空洞的三维分布信息。通过X射线CT法可以知道空洞的垂直位置，其优越性在于可以知道芯片承受的应力。

即使对于硅器件，空洞的检查也缺乏标准。每个公司都有自己的标准，通过X射线透射法和超声波探伤法（SAT）进行评估。只有美国的军标Mil中提到空洞检查，其X射线透射法的条件如下[23]：

1）必须小于芯片键合面积的1/2；

2）不贯穿键合部分，且面积在10%以内㊀。

但是，如上所述，空洞的三维位置和形状对可靠性有很大的影响，并且标准缺乏坚实的理论支撑，可以说这些都是今后需要研究的课题。

无论如何，在芯片贴装过程中应尽量减少空洞形成。在无助焊剂的Au基焊料工艺中，据说移动裸芯片以及在真空中消除空洞等都是很好的做法，但

㊀ 此处内容似有误，应为：单个空洞，横贯键合部分且面积大于10%为不合格。——译者注

都仍不完美。另外，在烧结键合中，到底可以容许多大程度的微空洞，以及在实际负荷下的空洞生长规律的预判等可靠性标准的制定都是大家强烈期待的。

5.7 未来展望

可以肯定的是，根据欧洲规定，高温高铅焊料很快就无法再使用了。另外，对于以高功率 LED 和 SiC 为首的新一代功率半导体，铅的热传导性能不佳，并且在超过 150℃的温度范围内的耐久性和耐热性也不佳。如本章所述，当前有很多材料和工艺可供选择。其中，银烧结键合技术似乎已经可以适用于实际产品。但是需要注意的是，使用金属粒子的烧结键合与焊料不同，需要工艺诀窍。这一点也不复杂，一旦取得技术诀窍就可以获得出色的性能和可靠性。

最后，介绍常温芯片贴装的两个新的技术方案。第一个是表面活性化常温键合。这种方法在超高真空中净化材料表面的同时活化材料表面，保持在真空中直接与键合对象密切接触，从而达到不同材料或同种材料之间的常温键合。其原理如图 5.19 所示。硅片等的键合是靠在表面形成很薄的（Fe 等㊀）键合层，实现牢固的键合。尽管需要大型的真空室和离子照射装置，以及键合面平整度的要求等是其缺点，但是能够在常温下键合是很大优势。另一种方法是利用脉冲强光加热界面的键合层，而芯片本身保持温度不变的脉冲光照键合方法，如图 5.20 所示。在该方法中，预先在芯片表面形成 Ag 膜等，通过透明的 SiC 芯片或基板，用脉冲强光照射 10s 左右。在过程中，只有 Ag 膜吸收光并被加热，短时间内可以实现固相键合，能够获得 10MPa 左右的较好的键合强度。更准确地说，只有键合面温度上升，在不需要电炉的情况下短时间内实现键合，可以说是最大的优点。对于 GaN/Si 等不透明的芯片，通过使用红外线等透过 Si 的波长的光，同样可以实现常温键合。

如上所述，这些新材料和新工艺，包括上述金属纳米粒子的室温键合，有望实现理想的室温工艺，令人期待。

㊀ 可参见东京大学须贺教授的相关报告。——译者注

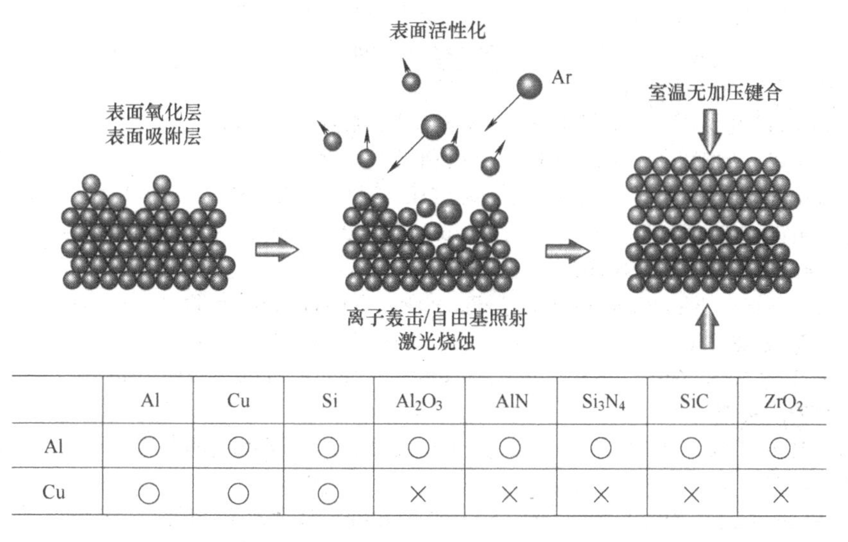

	Al	Cu	Si	Al_2O_3	AlN	Si_3N_4	SiC	ZrO_2
Al	○	○	○	○	○	○	○	○
Cu	○	○	○	×	×	×	×	×

图 5.19　超高真空下表面活化室温键合机理以及直接键合的质量（由东京大学须贺教授提供）

注：表格中符号代表能否实现良好键合。○表示“是”，×表示“否”。

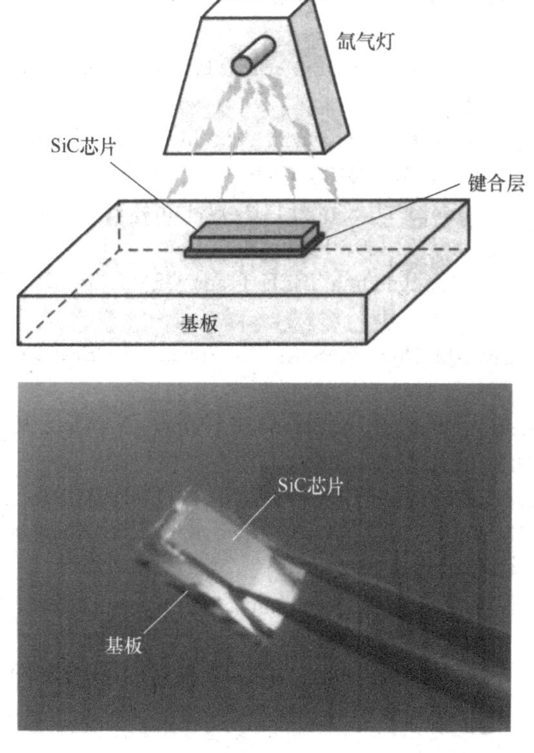

图 5.20　SiC 芯片在玻璃基板上的脉冲光照常温键合

参 考 文 献

[1] 菅沼克昭：鉛フリーはんだ付け入門，大阪大学出版会，(2013.6)

[2] 菅沼克昭：導電性接着剤技術入門，科学技術出版社，(2014.1)

[3] J. H. Kim, S. W. Jeong, H. M. Lee; Mater. Trans., 43 (2002), 1873-1878.

[4] M.Rettenmary, P.Lambracht, B.Kempf, M.Graff ; Advanced Engineering Materials, 7 (2005), 965-969.

[5] J. E. Lee, K. S. Kim, K. Suganuma, J. Takenaka, K. Hagio, Mater. Trans., 46 (11) (2005), 2413-2418.

[6] J. E. Lee, K. S. Kim, K. Suganuma, M. Inoue, G. Izuta, Mater. Trans., 48 (3) (2007), 584-593.

[7] S. J. Kim, K. S. Kim, S. S. Kim, K. Suganuma, J. Electron. Mater., 38 [12] (2009), 2668-2675.

[8] K. Suganuma, S. Kim, IEEE Electron Device Letters, 31 [12] (2010), 1467-1469.

[9] D. Paulonis, D. Duvall, W. Owczarski, (1971) US Pat 3, 678, 570A.

[10] G. O. Cook III, C. D. Sorensen, J. Mater. Sci., 46 (2011), 5305-5323.

[11] B. J. Grumme, Z. J. Shen, H. A. Mustain, A. R. Hefner, IEEE Trans. CPMT, 3 [5] (2013), 716-723.

[12] S. W. Yoon, M. D. Glover, H. A. Mantooth, K. ShiozakiJ. Micromech. Microeng. 23 (2013) 015017.

[13] X. Cao, T. Wang, K.D.T. Ngo, G.Q. Lu, IEEE Trans. Compon. Pack. Manuf. Tech., 1 (2011), 495-501.

[14] E. Ide, S. Angata, A. Hirose, K.F. Kobayashi, Acta Mater., 53 (2005), 2385-2393.

[15] K. S. Siow, J. Alloys Compd., 514 (2012), 6-19.

[16] K. Suganuma, S. Sakamoto, N. Kagami, D. Wakuda, K. -S. Kim, M. Nogi, Microelectronics Reliability, 52 (2012) 375-380.

[17] D. Wakuda, K.-S. Kim, K. Suganuma, IEEE Trans. CPMT, 33 [2] (2010), 437-442.

[18] M. Kuramoto, S. Ogawa, M. Niwa, K.-S. Kim, K. Suganuma, IEEE Trans. CPMT, 33 [4] (2010), 801-808.

[19] J. Kähler, N. Heuck, A. Wagner, A. Stranz, E. Peiner, A. Waag, IEEE Trans. CPMT, 2 [10] (2012), 1587-1591.

[20] C.-H. Sha, C. C. Lee, IEEE Trans. CPMT, 1 [12] (2011), 1983-1987.

[21] M. Kuramoto, T. Kunimune, S. Ogawa, M. Niwa, K.-S. Kim, K.Suganuma, IEEE Trans. CPMT, 2 [4] (2012), 548-552.

[22] C. Oh, S. Nagao, T. Kunimune, K. Suganuma, Appl. Phys. Letters, 104 (2014), 161603.

[23] MIL-STD-883J/w/CHANGE 4, "TEST METHOD STANDARD MICROCIRCUITS"

第6章

模塑树脂技术

6.1 半导体封装的概念

半导体封装过去曾经使用罐式结构的气密金属容器，为提高生产率和降低成本，人们从20世纪60年代初开始使用环氧树脂（一种热固性树脂）作为液态密封材料来为晶体管注塑密封，成为树脂密封历史的开端。在20世纪60年代后半期，为了进一步提高批量生产能力，人们开发了一种低压传递模塑法，丸粒型的固体密封材料开始上市，成为今天半导体密封技术的主流。

图6.1显示了在新型非硅基半导体材料（例如SiC和GaN）开始受到关注之前，封装形式和密封材料技术的发展。从20世纪70年代开始，在诸如存储器和IC之类的应用中，随着半导体器件光刻技术的迅速发展，电路集成技术按照摩尔定律不断提高密度，半导体封装的形式也从引脚插入型发展到表面组装型、面积组装型，甚至系统组装型。另一方面，诸如功率器件之类的分立半导体，直到今天基本上还是采用引脚封装形式，没有很大改变。这是因为硅的半导体特性决定其结温的上限约为125℃，温度再高则其整流和放大功能都受影响，因此重点关注的是如何排除能量耗散产生的热量，也就是散热效率的提升，而不是电路的集成化。

2000年之后，功率器件的应用开始扩展到汽车、各种工业设备、轨道交通和社会基础设施，要求进一步提高能效、耐压和工作电流，对散热、耐高温和耐热应力的要求也急速提高。2010年以后，Si IGBT的改进已经趋于极限，SiC和GaN等新的非硅系半导体材料开始受到关注。随之而来的是以耐热性为中心，提高模塑树脂的材料性能的呼声也越来越高。

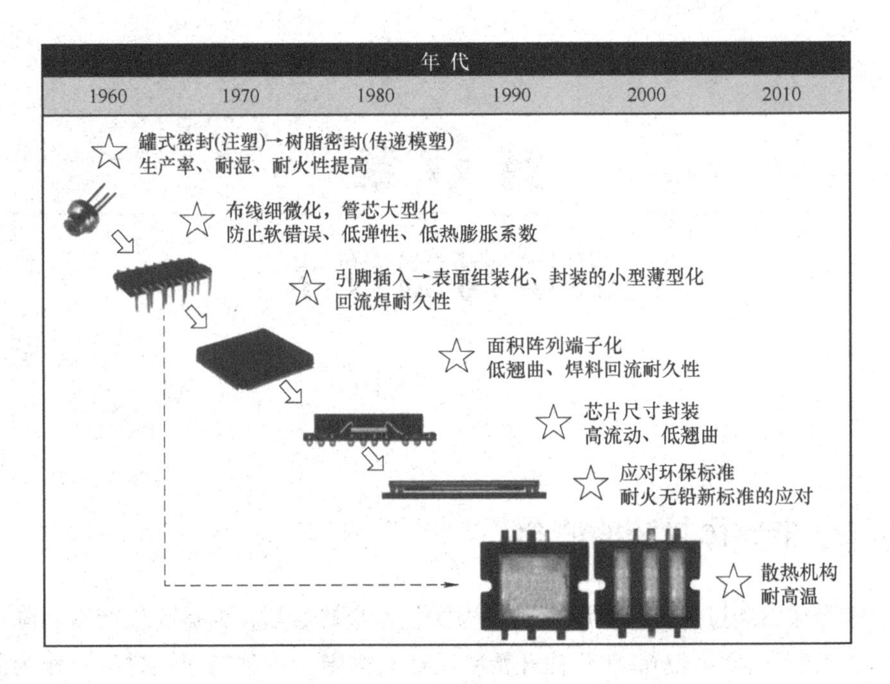

图 6.1　封装形式和密封材料技术的演变

6.2　功率模块结构和适用材料

图 6.2 中总结了功率模块的结构和特征。功率模块和接口的构造各种各样，这里将它们大致分为三种类型，并比较它们各自所用的密封树脂。

6.2.1　壳装型功率模块

使用聚邻苯二甲酰胺（PPA）树脂或聚苯醚（PPS）树脂对陶瓷基板进行嵌件成型，以形成外壳，然后将器件组装到外壳内部后，再将液态密封材料注入和固化来完成封装。

在常规的硅基封装中，硅酮树脂、环氧树脂等已被用作液体密封材料。由于使用喷嘴注塑，因此非常容易成型，因为不需要为每种产品定制模具等材料，所以需要的投资较少。另一方面，也存在一些缺点，例如容易发生密封材料未充分填充，树脂量波动以及成型厚度变化，难以实现尺寸和绝缘准确度等。

	类型	特征		结构	密封
传统	壳装型	尺寸	大		铸型
		厚度	厚		
		散热	中		
		组装	平列		
	表面组装型	尺寸	小		传递模塑
		厚度	薄		
		散热	小		
		组装	表面		
	双面散热型	尺寸	小		传递模塑
		厚度	薄		
		散热	大		
最新		组装	层叠		

图 6.2　功率模块的结构和特征

6.2.2　模塑型

该类封装方式是将组件安装在作为基底的引线框架或绝缘基板上，装载到模具上后，再使用传递模塑机统一模塑。在常规的硅基封装中，已经使用了环氧类的固体（丸粒型）密封材料。在图 6.3 所示的传递模塑原理图的模具中，设有一个供树脂流入的圆筒。在将引线框和基板等安装到已调整至成型温度的模具中后，将预先压成料筒形状的密封材料丸粒放入筒中，并快速移动柱塞以向模具内传递压力。压力成型的优点在于，成型品内部不易留下未填充的部分，

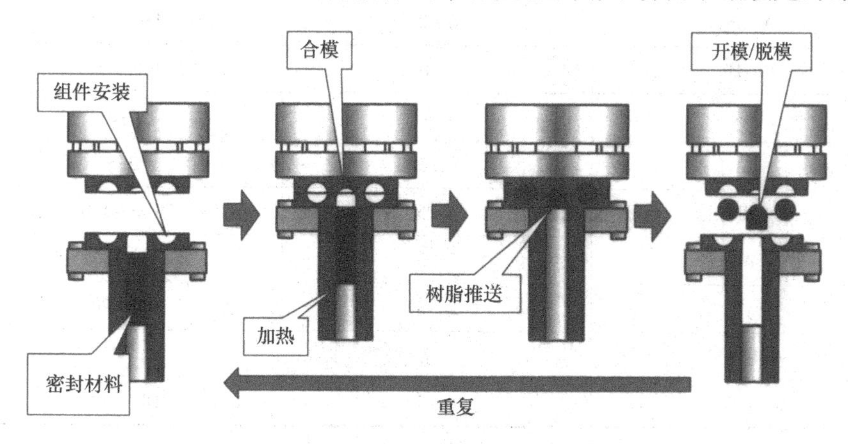

图 6.3　传递模塑的原理图

内部组件更加密接，成型时间短，生产率高，而且由于模具准确度高，产品尺寸准确度也非常高。另一方面，因为每个产品形状都需要专用模具，所以设备投资很高。

6.2.3 功率模块封装的演变

在功率器件方面，轻薄短小化的趋势非常显著，如图 6.2 所示，以往使用壳装模块，但在车辆和工业用途中，为了实现装置的小型化，对功率模块封装的小型化也提出了要求。为了实现这一点，必须解决小型化带来的电流密度增加而引起的半导体产品发热的技术问题。在壳装模块的场合，人们采取的对策有：将装载半导体芯片的陶瓷基板换为高热导率材料，或通过使用铜板或铝带作为连接线帮助散热，或在模块底部进一步设置散热板等。在模塑封装的情况下，利用截面大的引线框架代替连接线，使之同时起到散热板的作用，并且还开发了半导体芯片两面接合的三明治结构，在上下都安装散热器等技术。

表 6.1 总结了功率器件封装中所用的材料的特性。某些材料（例如 Cu 和 Al）具有较高的线膨胀系数和热导率，而其他材料（例如 SiC 和 CuW 合金）则具有较低的线膨胀系数和较高的热导率，还有 Al_2O_3 这样线膨胀系数和热导率都较低的材料，因此在设计封装时必须考虑这些材料的相互影响。

表 6.1　功率器件封装所用材料特性一览

材　料	热膨胀系数/(ppm/K)	热导率/[W/(m·K)]
Al-SiC	6～8	180～200
Cu-Mo	7～10	100～290
Mo	4.9	143
Cu	16.5	395
AlN	4～5	130～190
Al	23.6	220
Si_3N_4	2～3	60～90
Al_2O_3	6.7	30
Cu-W	6～9	180～200

6.3 密封材料的特性要求

6.3.1 绝缘性

额定电压高的功率器件，其工作电压将达到几百到几千伏，在车载应用等恶劣环境中还要暴露于各种化学物质中。影响密封材料自身绝缘性能的因素包括材料本身的电阻率和介电击穿电压，但是不同的密封材料的这些物理性质值并无显著差异，而封装端子之间的材料厚度是可能的决定因素。局部放电和防电痕绝缘设计对于封装设计很重要。

局部放电是指电极和绝缘体表面之间的局部放电（表面电晕）或绝缘体内部的间隙（空隙）中的放电（空隙电晕）等破坏绝缘体的现象。

图6.4a所示为局部放电引起绝缘体击穿的机理示意图。与无机绝缘材料相比，塑料更容易受到电晕腐蚀，当暴露于强电场中时，塑料会从表面的粗糙部分和内部空隙开始退化，并产生被称为电树的裂纹。随着此过程的进行，树枝状裂纹在绝缘层内部发展，最终导致绝缘击穿。也就是说，如果在密封材料内部出现未填充部分或空隙，那么不仅绝缘强度将降低，还会由于空隙中电荷的集中而发生局部放电，导致退化并破坏密封材料本身。尽管还不清楚电晕退化的机理，但是可以考虑电晕中离子和电子的冲击而导致的蒸发或分解，电晕放电作用产生的臭氧和氧自由基引起的氧化退化以及局部温度升高等。因此，为了防止退化，需要防止空隙的形成，降低电极端的电场以防止表面电晕的发生。此外，在像半导体密封材料这样的复合材料中，有机树脂混合了无机填料，如图6.4b所示，期望电树在生长时会绕过无机填料。

对于不太可能发生电晕退化的材料，电痕可能会导致绝缘破坏。该现象是指绝缘体表面附近空气中产生的电弧放电使绝缘体表面发热破坏，形成碳化导电路径，最终导致绝缘击穿。也可以将其解释为绝缘体表面在沾染灰尘和电解质等污染物状态下的电弧退化，可以通过控制工作环境的污染程度来抑制其发生。近年来，该机制作为影响封装周围的电气间隙和爬电距离的因素，受到越来越多的重视。

耐电痕试验一般采用IEC法，在日本被称为学会标准法。在绝缘物的表面配置电极，以每30s一次的速率将电解液（0.1% NH_4Cl 水溶液）滴下，确定引起样品绝缘破坏的电解液滴数。在各个电压下测试，根据得到的结果制作滴数和电压的关系图，从图中求出 50 滴电解液对应的电压，称为绝缘物的相对起痕指数（Comparative Tracking Index，CTI），作为耐电痕性能的度量。

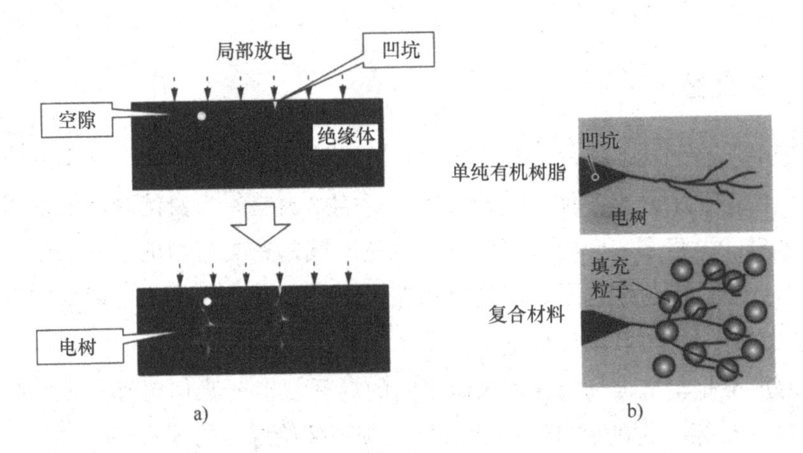

图 6.4　局部放电导致绝缘体破坏的机理示意图

6.3.2　低热应力

密封材料固化产物中产生的内部应力可以分为两类，一是作为基体树脂的热固性树脂在加热固化过程中，成型收缩伴随密度变化，产生内部应力；二是反复加热和冷却期间密封材料与接触的封装内置构件之间的热应力。一般来说，内应力为

$$\sigma \propto \int_{T_0}^{T_g} E_{r1}(\alpha_{r1} - \alpha_s)\,\mathrm{d}T + \int_{T_g}^{T_c} E_{r2}(\alpha_{r2} - \alpha_s)\,\mathrm{d}T \tag{6.1}$$

式中，σ 为内部应力；T_g为玻璃化转变温度；T_0为冷热循环下限温度；T_c为冷热循环上限温度；E_{r1}为 T_g以下温度区域的树脂弹性模量；E_{r2}为 T_g以上温度区域的树脂弹性模量；α_{r1}为 T_g以下温度区域的树脂线膨胀系数；α_s为密封材料接触物件的线膨胀系数；α_{r2}为 T_g以上温度区域的线膨胀系数。这里，在密封材料的玻璃化转变温度以上的区域，密封材料的基体树脂处于橡胶状态下，构成树脂的分子主链能够自由地进行布朗运动，弹性模量 E_{r2}降低到 E_{r1}的 1/100 左右，因此在 T_g以上的温度区域产生的应力非常小。也就是说，密封材料的内部应力主要是在 T_g以下的热历史中产生的。图 6.5 示出了由于密封材料的线膨胀系数不同而引起的半导体封装翘曲状态的示意图。相对于封装部件的线膨胀系数，密封材料的线膨胀系数无论是更大还是更小都会产生封装内部应力，产生如图所示的翘曲。此外，由于 SiC 器件预想的高温工况，要求密封材料的

T_g比以往更高，估计使用时产生的内部应力也会增加，因此调整线膨胀系数非常重要。

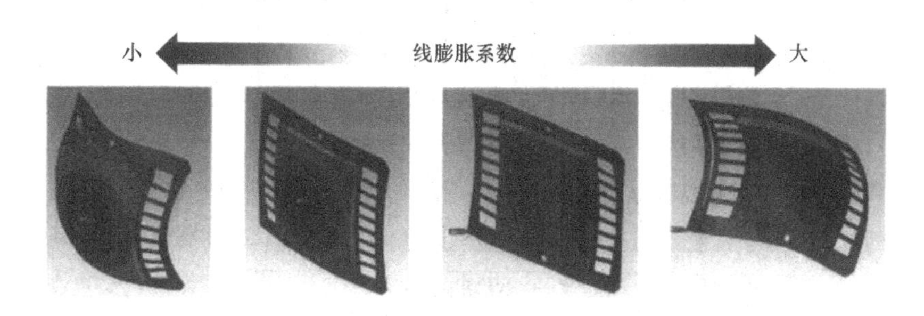

图6.5　半导体封装材料的线膨胀系数与封装翘曲

为了通过调整线性膨胀系数来估计功率模块的使用寿命，执行了功率循环试验（间歇电流试验）和热循环试验。

功率循环试验是在将功率模块固定在散热片上反复通电断电，使半导体芯片表面的器件结温 T_j上升、下降，从而施加热压力，直到封装破坏为止。功率循环试验条件如图6.6所示。当结温瞬间升高时，由于半导体芯片、键合引线、贴装材料、绝缘基板、引线框架等各种部件的线膨胀系数不同，所以在这些材料的键合界面出会产生剪切应力。由于密封材料构成的壳体部分的导热性不像金属和陶瓷部件那样高，所以通电断电而引起的壳体温度 T_c变化不会像 T_j那样敏感地上升或下降，但由于各部件线膨胀系数的差异，在这些材料的键合界面上也产生了剪切应力。

冷热循环试验是确认电子组件和设备对环境温度变化的耐受力的一种环境测试。通过重复施加高温和低温，可以在短时间内评估其对温度变化的耐受力。当热膨胀系数不同的材料之间的键合部分经受温度变化时，在膨胀和收缩之际因为膨胀系数的差异而产生应力，并且发生裂纹或破坏。热冲击试验通过重复这一温度变化来评估暴露于突然的温度差异（例如从室内到室外）的产品。

还可以控制高温环境的湿度，评估重复经历高温高湿环境时发生的结露的影响。

使用超声成像设备对封装内部产生的裂纹和剥离成像可以确认其生成状态，超声波探测的原理如图6.7所示。通过施加脉冲电压，使得超声波探测器中的压电元件振动，产生的超声波进入被测物体，作为弹性波在其内部传播。如果内部有空隙、裂缝或异物，则声阻抗（密度和声速的乘积）会发生变化，出现

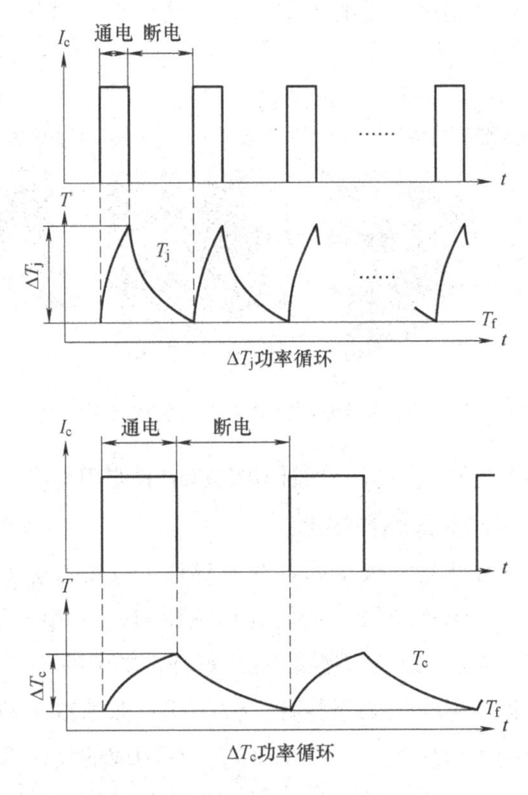

图 6.6　功率循环试验条件

反射/折射现象。这对应于半导体芯片与半导体封装材料之间的界面、半导体封装材料与引线框架或陶瓷基板之间的界面、树脂中的空隙、芯片裂缝等。反射率取决于接触的两种材质，两者差异越大，反射波强度越大。特别是在密度极小的空气的情况下，反射率约为 100%，这是能够精确检测空隙的主要原因。图 6.8 显示了某功率模块的故障，可以确认，剥离从芯片周边开始，面积越来越大。

6.3.3　黏附性

功率器件可能流过几十至几千安培的电流，因此必须关注其产生的焦耳热。为了减少焦耳热的产生，必须使构件彼此牢固贴附以减小界面处的热阻，并将热量迅速散发到封装外部。在封装部件中，密封材料的热导率较低，不承担散热功能，但是它负责保护作为散热路径的金属和陶瓷构件及键合界面。此外，在功率器件中，通常使用热导率更高的铜合金作引线框架，而不是 IC 和 LSI 中

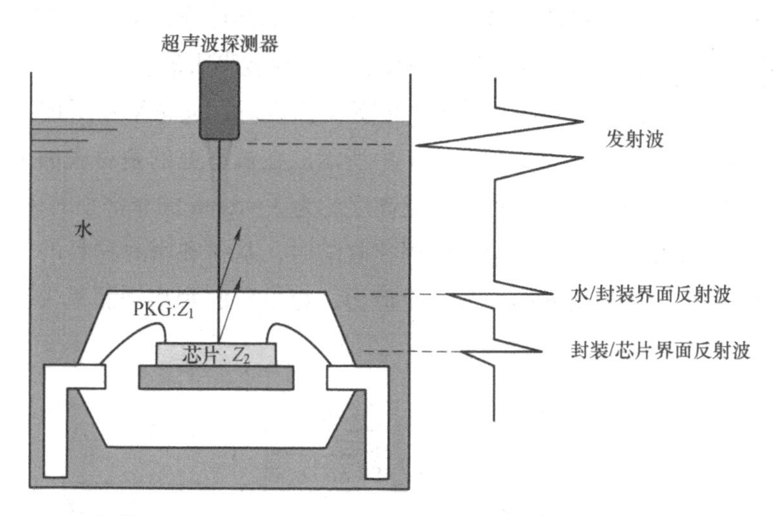

图 6.7　超声波探测原理

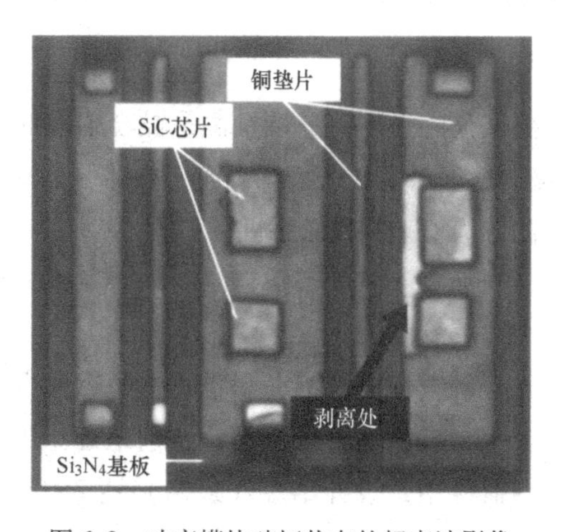

图 6.8　功率模块破坏状态的超声波影像

常规使用的 42 合金（Fe-42% Ni 合金）。在预封装阶段，芯片贴装之后的固化和引线键合这两个步骤经历了 250～300℃，总共历时约 5min 的加热过程，期间引线框表面被氧化形成氧化膜。由于氧化膜与作为其基材的铜合金之间的附着性差，反复进行剧烈热循环会在这些界面上产生剥离或裂纹，结果形成了热传导性能差的空气层，使得在构件键合界面处的散热性能恶化，产生的热应力超过封装原本的设计值，因此可能导致封装破坏。此外，在室外环境中使用时，

水分和 NO_x… SO_x 成分可能会侵入空隙，腐蚀功率器件内部的金属部件，成为失效原因；还可能在高温工作时快速蒸发，引起封装膨胀破裂。

在研究半导体密封材料与各种部件的黏结强度时，通常采用所谓“布丁杯测试”的剪切黏结强度测试，如图 6. 9 中所示。在被研究的基材表面上模制形成底面直径约为 3. 5mm，上表面直径及高度约为 3 ~5mm 的非常小的树脂布丁。黏合部的面积过大的话，在密封材料固化收缩时，基材和密封材料的线膨胀系数差异会导致布丁杯的最外围部分产生应力，容易引起剥离和测量失真，因此必须尽量减小模制树脂布丁的尺寸。

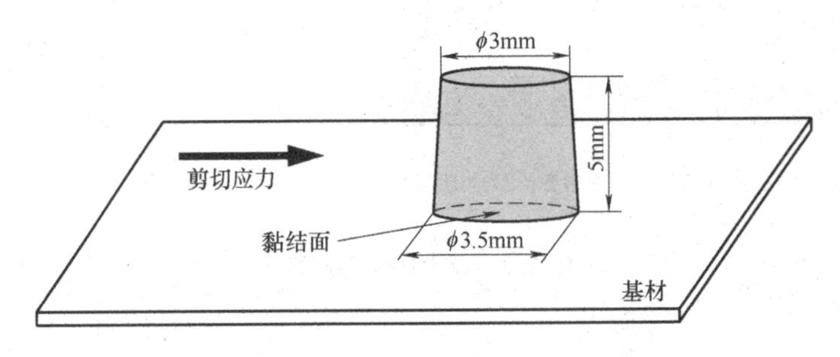

图 6. 9 “布丁杯”试验用样品示意图

在使用所谓黏合测试仪的强度测量装置测量黏合强度时，将治具的十字头以 2mm/min 的非常慢的速度沿基材表面朝着布丁杯的侧面移动，从而产生剪切应力，根据剥离瞬间的应力值计算黏结强度。

6. 3. 4 抗氧化性

所有有机化合物在接触空气时，都会和空气中的氧气自动发生氧化反应而变质。半导体密封材料也是有机高分子产品，特别是近年来的高压功率器件的结温变高，在 SiC 功率器件中，设计结温（最高）达 250℃，所以必须考虑空气氧化反应引起的变质。

自发氧化的机理如图 6. 10 所示。有机化合物（RH）受热、紫外辐射或机械剪切力影响，失去氢原子成为碳自由基（R·）。R·与空气中的氧分子反应生成过氧自由基（ROO·）。ROO·从未被自由基化的新鲜有机化合物（RH）中夺取氢以再生 R·，其本身变为氢过氧化物（ROOH）。通过重复该过程，新鲜有机化合物被分解，聚合物被氧化变质。另外，ROOH 不稳定，会分解产生新的氧自由基（RO·），不仅将 RH 氧化成 ROH，而且再次生成 R·，加速聚合物的氧化变质。

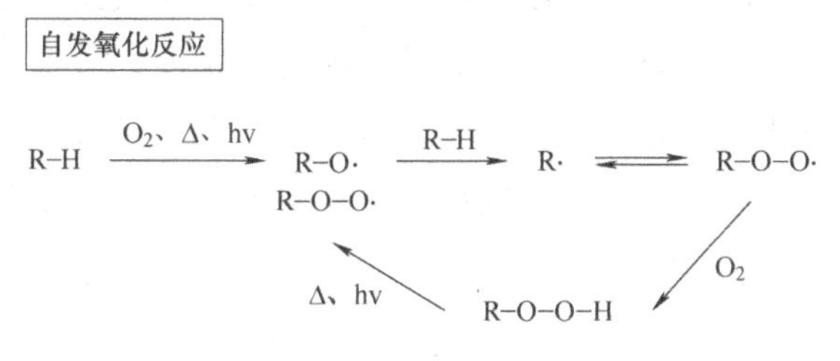

图 6.10　自发氧化反应机理

如果 SiC 功率器件在高温下持续工作，则这些自氧化反应可能会以很快的速率在其封装密封材料中发展，因此需要使用不易自发氧化的分子骨架材料，辅以抑制自氧化进程的添加剂。该退化现象可以通过动态黏弹性测量来观察，其概念图如图 6.11 所示。在动态黏弹性测量中，可以对聚合物施加任意频率的正弦波应力，获得应变响应。可以根据应力和应变的（正弦波）波形峰值在时间轴上的相位差（应变延迟）关系来测量对象的黏性分量和弹性分量。改变正弦波的频率和温度，物体的响应趋势表现了弹性模量的连续变化。依赖关系的差异与物体的内部结构密切相关，可以根据实测数据并基于物体的分子结构来阐明材料特性，因此可以通过考察作为弹性分量指标的储能模量和作为黏性分量的损耗模量的变化推断出材料退化变质的行为。例如，图 6.12 表现在 260℃

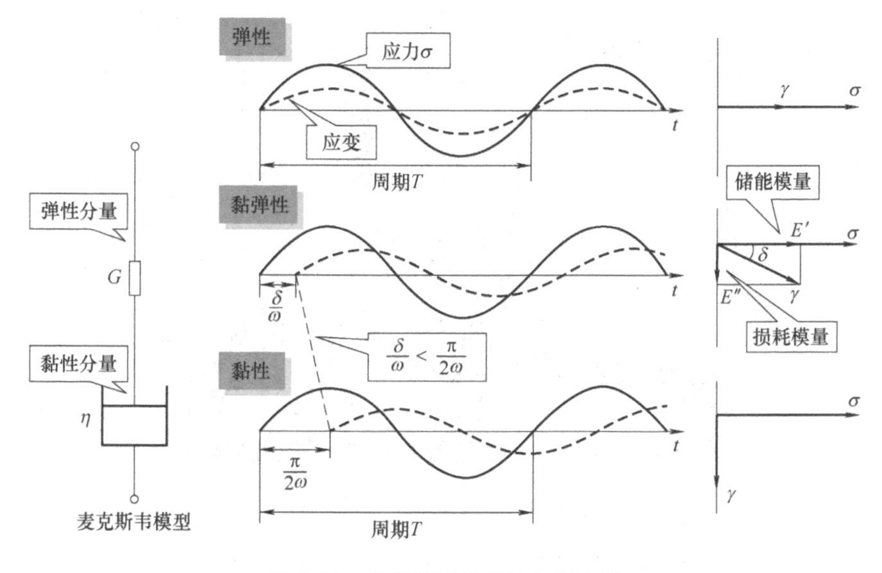

图 6.11　动态黏弹性理论的概念图

的空气环境中，市售的环氧树脂芯片贴装膜固化后的动态黏弹性随时间的变化。从储能模量曲线可以看出，随着高温的持续，黏弹性区域向高温侧移动，并且储能模量的值在橡胶状区域中变高。另外从损耗模量曲线看到，随着高温的持续，其峰值向高温侧移动，其值减小。由此可知，被置于 260℃ 的空气气氛中的树脂发生了明显的脆化，因此可以推断出高温下的空气氧化起到了某种重要作用。

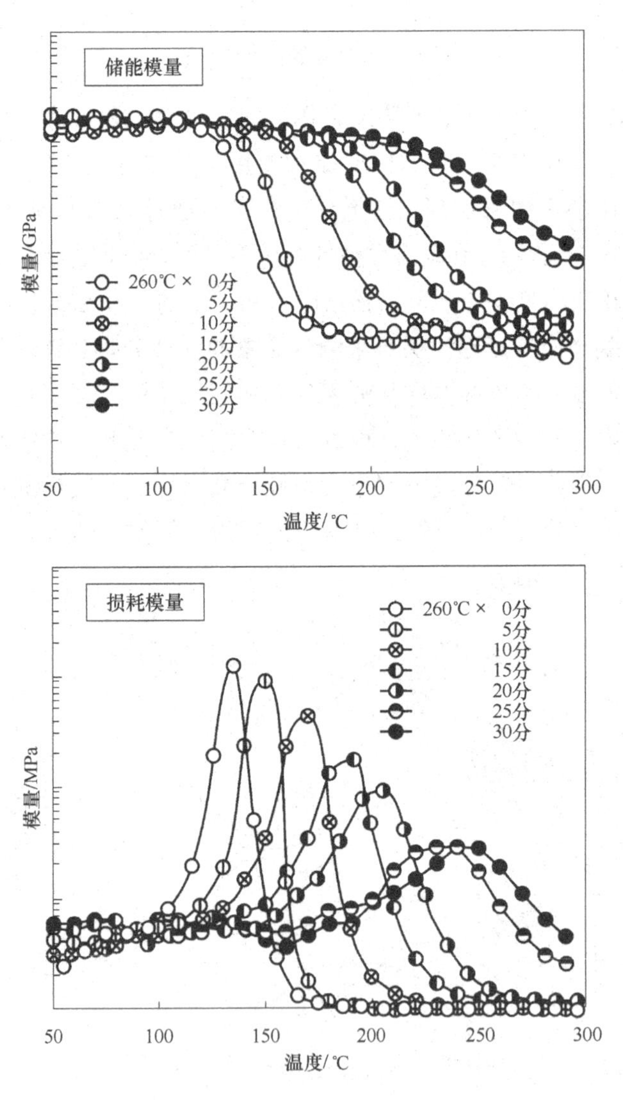

图 6.12　环氧类芯片贴装固化物在空气中的氧化（条件：260℃，空气环境）

6.3.5　高散热

有观点认为，通过将功率器件工作时产生的热量高效地扩散到器件外部，就可以降低热应力。在固体中负责热传导的载体是自由电子、声子和光子，物质整体的热传导性能由这些载体总体决定，但是一般来说，贡献的大小顺序为自由电子、声子和光子。功率器件封装材料应尽量使用具有有利于导热的自由电子的金、银、铜、铝等金属材料，以及由于声子而具有较高热导率的 Al_2O_3、AlN、Si_3N_4 等陶瓷材料。但是半导体密封材料本身的导热技术也很重要。

测量热导率的一种广泛使用的方法是利用激光闪光法测量热扩散率。将热扩散率乘以比热和密度就得到热导率；比热乘以密度得到单位体积的比热，对于不同物质通常为常数。因此热导率可以看成是热扩散率乘以一个常数的结果。

如图6.13a所示，当脉冲激光均匀地照射均匀的圆板样品（直径1cm，厚度约1mm）的一面，使其瞬间加热时，背面的温度变化由一维热传导方程表示，其解析解由以下公式给出：

$$T(t)=T_m\left\{1+2\sum_{n=1}^{\infty}(-1)^n\exp\left[\frac{(-n)^2t(\pi^2\alpha)}{L^2}\right]\right\} \tag{6.2}$$

式中

$$T_m=\frac{Q}{LC\rho} \tag{6.3}$$

式中，Q 为样品表面的单位面积吸收的激光脉冲的能量；L 为样品的厚度；C 为样品的比热；ρ 为样品的密度；α 为样品的热扩散率；T 为温度；t 为从脉冲照射时刻开始后经过的时间。

以式（6.2）的 T 为纵轴，以 t 为横轴，得到图6.13b，求出达到最大温升 T_m 的一半 $T_m/2$ 所需的时间。然后，从式（6.4）求得样品的热扩散率。

$$\alpha=\frac{1.370L^2}{\pi^2t_{1/2}} \tag{6.4}$$

这种分析方法称为半时法，如果能够通过式（6.3）正确地测定 Q，则可以求出 C 与 ρ 的乘积，并且可以通过式（6.5）求出样品的热导率 K。

$$K=\alpha C\rho \tag{6.5}$$

然而，由于实际上难以准确地测量 Q，所以一般是用其他方法测量 C，然后根据方程式（6.5）来计算热导率。

表6.2列出正在研究的散热填料。作为功率半导体密封材料，由于同时要

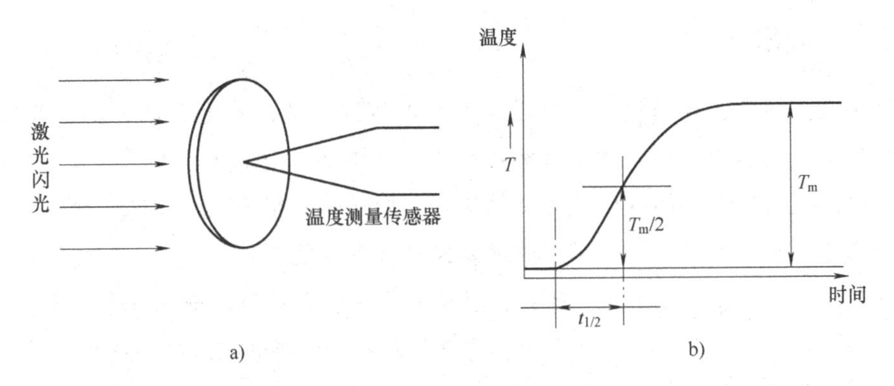

图6.13　激光闪光法的热导率测量原理

求耐热性、绝缘性、耐磨性、耐腐蚀性等各种材料性能，所以主要使用氧化铝（Al_2O_3）。

表6.2　各种高散热率填料

种　类	热导率/[W/(m·K)]	线膨胀系数/(ppm/K)	比重/(g/cm^2)
熔融石英 SiO_2	1.3	0.5	2.21
石英晶体 SiO_2	10	15.0	2.65
氧化铝 Al_2O_3	36	8.1	3.98
氮化硅 Si_3N_4	30～80	3.3	3.26
氧化镁 MgO	30～60	10.0	3.56
氮化硼 BN	60	4.5	1.70
氮化铝 AlN	180	4.5	3.30
氧化铍 BeO	250	8.0	2.90
碳化硅 SiC	270	3.7	3.02

Al_2O_3 主要使用天然铝土矿作为原料通过拜耳法生产。该方法用苛性苏打水溶液提取铝土矿中的 Al_2O_3，从 $NaAlO_2$ 水溶液中析出 $Al(OH)_3$［菱镁矿，$Al(OH)_3$］，然后在高温下煅烧以获得 Al_2O_3。该方法可以廉价地制造 Al_2O_3 填料，但包含诸如Na、Fe和Si等杂质。如果需要高纯度 Al_2O_3，则可使用醇铝水解法、硫酸铵铝热分解法、碳酸铝铵热分解法、水下火花放电法、气相氧化法等生产的 Al_2O_3。

对于含填料的复合材料的热导率，已经提出了各种理论模型，布鲁格曼

(Bruggeman) 方程就是一个例子。在该理论中，考虑了树脂和填料的热导率、复合树脂中填料的填充率、填料的球形度和尺寸以及相邻填料之间的温度分布的影响。

$$1-\phi=\frac{\lambda_c-\lambda_f}{\lambda_m-\lambda_f}\sqrt[3]{\frac{\lambda_m}{\lambda_c}} \tag{6.6}$$

式中，ϕ 为填料的体积分数；λ_c为复合材料的热导率；λ_f为填料组分的热导率；λ_m为基体树脂组分的热导率。

这里的布鲁格曼方程中，$\lambda_m=0.2\text{W/(m}\cdot\text{K)}$（热固性树脂的一般热导率），$\lambda_f=1.3\text{W/(m}\cdot\text{K)}$（熔融石英热导率），30W/(m·K)（$Al_2O_3$ 热导率），180W/(m·K)（AlN 热导率）时，不同的 ϕ-λ_m曲线（复合材料的导热率与填料的体积填充率）如图6.14所示。在填料填充率较小时，热导率的增加比较平缓，并且树脂容易完全覆盖填料周围，树脂的热导率支配整个复合材料的热导率。从填料的体积分数达到约70vol%开始，热导率迅速增加。在该阶段填充剂颗粒变得更接近密集堆积结构，填充剂之间互相接触成为导热路径。因此，填充物的填充量对于密封材料的散热是很重要的。

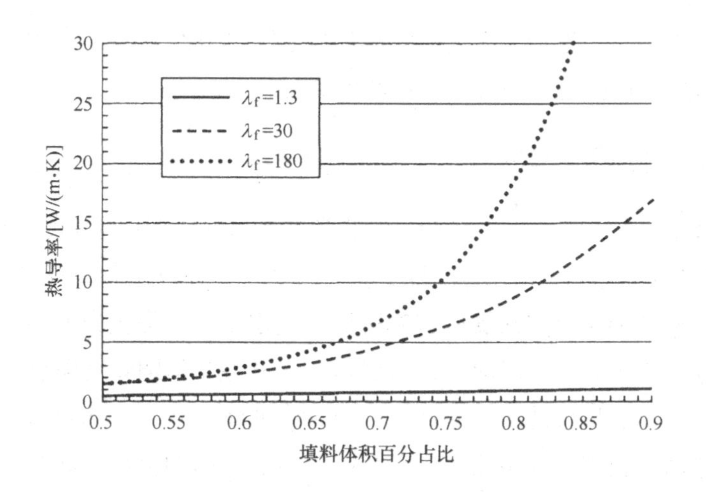

图6.14　使用各种散热填料时的 ϕ-λ_m曲线

一般情况下，如果颗粒之间没有相互作用，仅靠重力沉降实现填充，且填充剂是大小一致的球形颗粒，则填充量只能达到70vol%，因此使用工业混炼方法很难实现高填充率。通过混合多个直径不同的颗粒，让小颗粒进入大颗粒之间的空间，可以实现70vol%以上的填充率。图6.15所示为典型的试验数据结果，显示了 Al_2O_3 填料填充率和热导率之间的关系。混合两种平均直径为 18μm 和 2μm 的颗粒，可以实现约 70vol% 的高填充率，得到约 6W/(m・K) 的热导率。在 18μm 和 2μm 之外，再加上直径为 0.4μm 的第三种颗粒，可以达到约 80vol% 的高填充率，实现约 10W/(m・K) 的热导率。

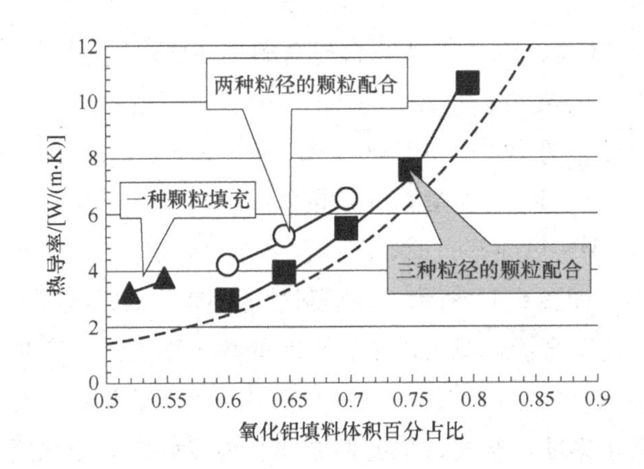

图 6.15　通过铝颗粒的填充研究热导率

应当注意的是，增加填充剂的填充量也会增加复合材料的黏度，从而在制造功率模块封装时降低填充性，容易产生空洞。

6.3.6　流动性和成型性

半导体封装树脂是热固性树脂，其物理性能值在成型过程中会随时间变化。随着交联反应的进行，分子量和黏度都在增加，仅在黏度较低时才可能流动。当黏度呈指数增加并且交联反应速率达到一定水平时，即丧失流动性并发生凝胶化。从这一点开始，树脂即被视为固体，其弹性模量随着交联反应的进行而继续增加，并随着反应的结束而饱和。当树脂的物性状态不适合封装内部对流动性的要求时，会产生封装缺陷，因此需要通过适当的流动性评估来尽可能减少封装缺陷。

由于具有流动性的高黏度塑料的流动状态极其复杂，所以以理论上方便处理的水和气体等流质为基准来考虑。如图 6.16 所示，水体在长度为 L、半径为 a 的圆柱体管中流动，设施加在水体的压力为 $P = P_1 - P_2$，式（6.7）成立。

$$\frac{Pa}{2L} = \eta_0 \frac{4Q}{\pi a^3} \tag{6.7}$$

式中，P 为施加到流体上的压力，单位为 dyne[⊖]/cm^2；L 为管的长度，单位为 cm；a 为管的半径，单位为 cm；Q 为流体在单位时间内的流动体积，单位为 cm/s；η_0 为黏度，单位为 Pa · s。

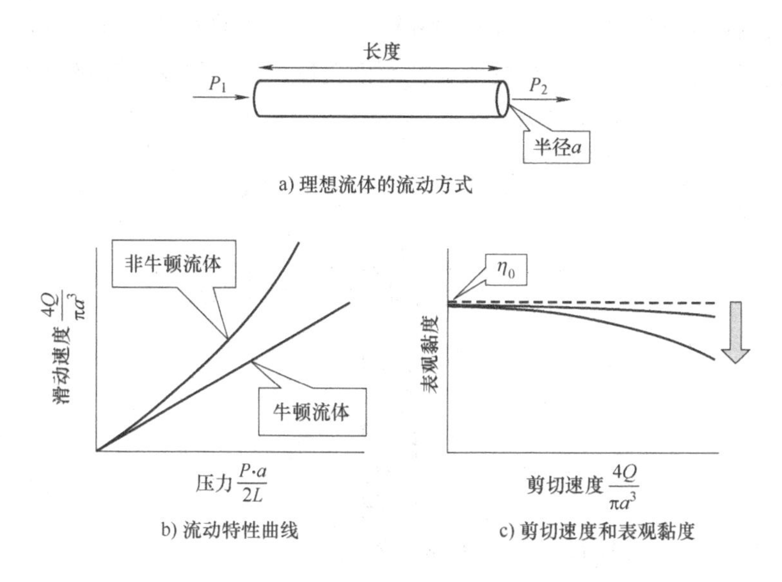

图 6.16　塑料流体的流动特性概念图

η_0称为表观黏度，表示剪切速率为零时的黏度。该方程适用的流体称为牛顿流体，其剪切速率与压力成比例，因此在施加到流体的压力发生变化时，黏度始终保持恒定。然而，半导体密封材料通常高度填充无机填充剂，由于无机填充剂与有机树脂之间界面的相互作用，剪切速率与压力不成比例，表现出所谓“非牛顿流体”的特性，因此需要选择适合实际成型条件的评价方法。

通常使用毛细管流变仪进行流动性测试，如图 6.17 所示。将模塑树脂压制成锭并放入预热至模塑温度的圆筒中，用柱塞通过连接到圆筒底部的毛细管口模将其压挤而出。黏度是根据时间和气缸的位移计算得出的。为测量作为半导体密封材料的热固性树脂等，可使用由岛津公司在日本高分子化学协会（现在的日本高分子科学协会）的委托下开发的高级流体测试仪。该设备可以承受高达50MPa的负载，比普通毛细管流变仪高，因此可以测试接近于普通传递模塑剪切速率条件下的流动特性。另外，通过改变毛细管尺寸（在高级流体测试仪

⊖　1dyne = 10^{-5}N。

中被称为挤出口模）的孔径和孔长度，可以再现用于成型的模具内部的细流部位。图6.18显示了在一定温度和压力下密封材料的挤出量-加热时间的关系曲线的例子。在测量开始后几秒内材料温度达到模具温度时，材料以一定的速度流出，可以根据此时的流量计算材料黏度。到了测量的后半部分，材料的固化反应会使得黏度上升，最终失去流动性而停止流出。可以将从测量开始到流出停止的时间定义为凝胶化时间。

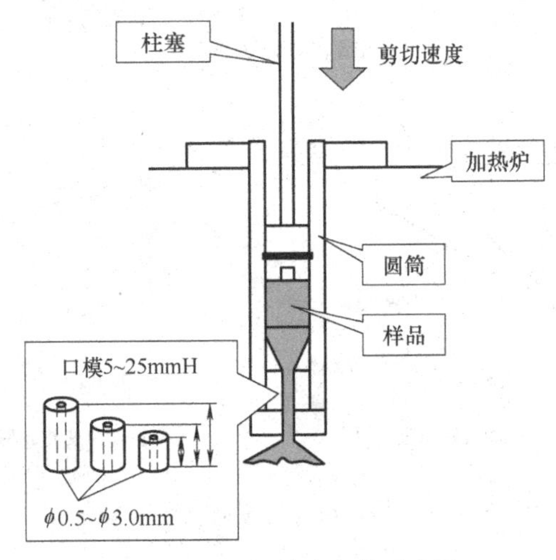

图6.17 毛细管流变仪示意图

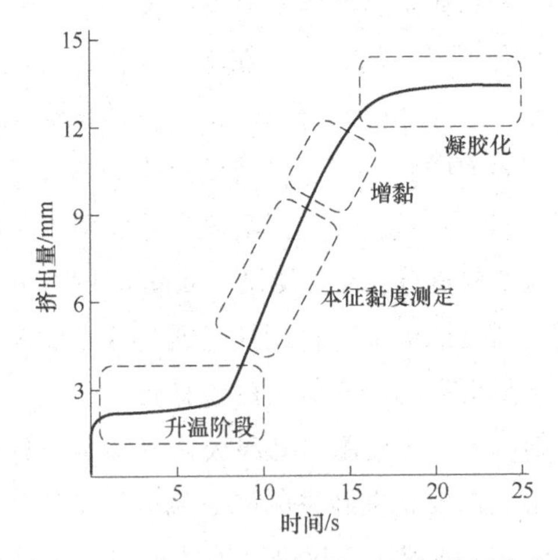

图6.18 高级流体测试仪的挤出量-加热时间曲线

6.3.7 耐湿性和可靠性测试

封装中通常使用金属铝作为芯片表面上的焊盘和键合线。铝是两性金属，通常溶于酸和碱，在中性范围内稳定。但如果存在卤素离子，则铝金属表面上形成的钝化膜容易被部分破坏而产生腐蚀孔。这种现象称为孔蚀，与pH值无关。对于常规的环氧密封材料，其固化物的热水提取液的pH值为4~5，并且氯离子浓度为约10ppm时，就有发生孔蚀的例子。图6.19显示了在半导体封装树脂层内部形成的缺陷。即使外部环境中的相对湿度（RH）未达到100%，水分也会浸入到这些树脂层缺陷中。水在普通热固性树脂中的扩散系数D约为$10^{-8}cm^2/s$（85℃），如果半导体封装的最外表面与芯片/密封材料界面之间的距离为1mm，则根据Fick稳态扩散定律的计算得到的扩散时间结果为约100h，根据非稳定扩散定律的计算结果为约10^3h。这表明，即使半导体封装没有导致和外界连通的裂纹或剥离，水分也可能在相对较短的时间内到达芯片表面上的铝电极和铝键合线，造成孔蚀。

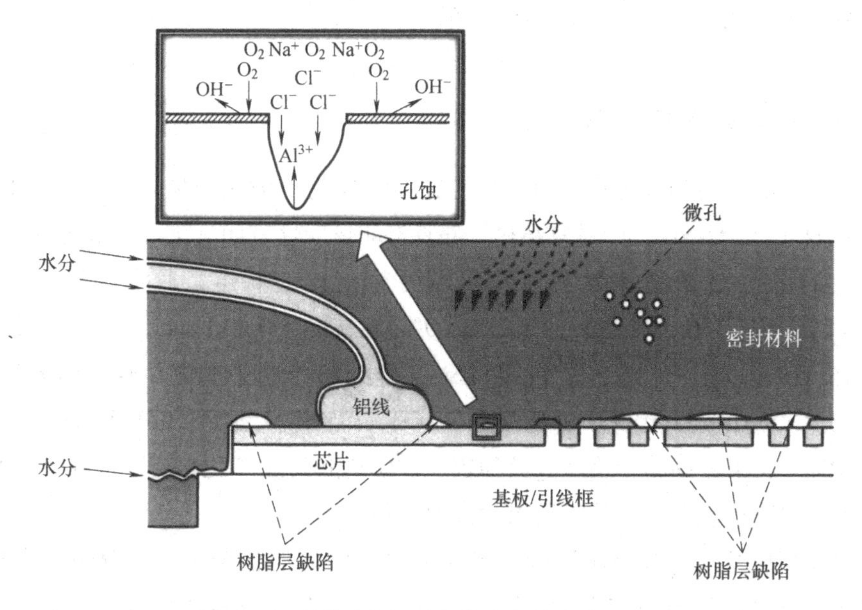

图6.19　封装内部形成的树脂层缺陷的示意图

另外在细微的间隙中，通过毛细管冷凝将形成结露，在存在盐分的情况下潮解现象会促进结露，由此在铝表面形成水膜，开始全面腐蚀反应。

检查功率器件的耐湿可靠性一般是使用半导体器件成品，但是在某些情况下，由于钝化膜缺陷的影响很大，所以不能精确地确定密封材料的性能水平。在这种情况下，可以制备并使用只有铝布线而没有钝化膜的测试元件TEG（Test Element Group）。表6.3给出了主要耐湿性试验条件的示例。实际上，可靠性试验也可采用其他温度和湿度条件，并且随着温度、相对湿度和偏压的增加，试验时间往往会缩短。但需要注意的是，如果条件过于严酷，则可能引发不合实际的失效模式。试验时间通常选择为 100 ~ 1000h。

表 6.3　主要耐湿性试验的试验条件示例

名　称	试验条件			
	温度/℃	相对湿度（%）	压强/MPa	电压/V
恒温恒湿偏压试验（HHBT）	85	85	0.1	30
压力锅试验（PCT）	121	100	0.2	0
压力锅偏压试验（PCBT）	130	85		30

6.4 高耐热技术的发展现状

6.4.1 高耐热硅酮树脂

这里的硅酮树脂（行业内有时称为硅凝胶）是一类化合物的总称，其主链为硅氧键（-Si-O-Si-）的重复结构，并具有非反应性基团（如烃基和芳环）或可交联的反应性基团（如乙烯基和烯丙基）作为侧链。通常，Si-O 键长（1.63A）大于 C-C 键长（1.54Å），Si-O 键旋转能（0.8kJ/mol 和 C-C 键旋转能（15.1kJ/mol）相比较小。此外，Si-O 键的组成原子的电负性（Si = 1.8，O = 3.5）差别很大，因此主链极化为 Si^{+}-O-，且 Si-O 键能（531kJ/mol）大于 C-C 键能（334kJ/mol）。由于这些原因，硅酮树脂的玻璃化转变温度在 -100 ~ -50℃的极低温度范围内，但具有耐高温性质。

硅酮树脂是作为其最小结构单元（单体）的硅烷化合物的高分子聚合物。连接到硅烷单体上的非反应性基团和可交联反应性基团的总数是可以调控的，Si-O 键的最大可能数目是四个，如果每个单体有两个 Si-O 键，则该物质就会如橡胶那样富于柔韧性。如果该橡胶状聚合物的部分单体拥有三个或者四个 Si-O 键，就会赋予物质类似拥有大量 Si-O 键的玻璃那样的性质。也就是说，通过控制硅酮树脂的分子结构中单体的种类和比例，可以使之从橡胶状的柔软材料变为硬涂层材料。

高耐热硅酮树脂的一个例子是聚硅乙炔苯乙炔（Silylene Ethynylene Phenylene Ethynylene）类。该化合物可通过以 MgO 作为催化剂将苯基硅烷和间二乙烯苯脱氢缩合而得到，在分子内具有Si-H键和C-C三键（乙炔键）。表6.4中列出聚硅乙炔苯乙炔类物质的物理性质。虽然T_g都在100℃以下，但是关于热分解开始温度，可以看出在氩气中失重5%的温度［T_{d5}（Ar）］在600～1000℃，在空气中失重5%的温度T_{d5}（Air）在500℃左右，具有非常好的耐热性。

另外据报道聚碳硅烷类也具有非常好的耐热性。这是通过2官能团氢硅烷（Hydrosilane）和2官能团乙烯基硅烷（Vinylsilane）的SiH_4烷化反应而得到的产物。具有1,4-双硅烷亚苯基（Bissilylenephenylene）单元的物质非常耐高温，但是容易结晶，很难做塑料。因此，一般都在聚（羰基硅烷）类的原料单体中使用Si-H化合物作为交联剂[3,4]。表6.5中列出聚（碳硅烷）固化物的物性。结果表明，与仅由聚硅氧烷单元构成的固化物相比，引入碳硅烷单元，模制品的耐热性不会有大幅降低。今后将继续开发以这些化合物作为基体树脂的半导体密封材料。

表6.4　聚硅乙炔苯乙炔类物质一览表

分子构造	热学性质		
	T_g/℃	T_{d5}（Ar）/℃	T_{d5}（空气）/℃
$[-Si(Ph)(H)-C≡C-C_6H_4-C≡C-]_x[-Si(Ph)-C≡C-C_6H_4-C≡C-]_y$	48	860	567
$[-Si(Ph)(H)-C≡C-C_6H_4-C≡C-]_n$	85	894	573
$[-Si(Ph)(H)-C≡C-C_6H_4-C≡C-]_n$	ND	577	476
$[-Si(Ph)(H)-C≡C-C_6H_4-C≡C-]_n$	71	561	567
$[-Si(CH_3)(H)-C≡C-C_6H_4-C≡C-]_n$	72	850	546

（续）

分子构造	热学性质		
	T_g/℃	T_{d5}（Ar）/℃	T_{d5}（空气）/℃
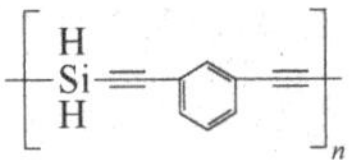 H Si H n	72	>1000	572

表 6.5 聚（碳硅烷）固化物的材料性质

结构式	TGA	
	T_{d5}/℃	500℃/wt%
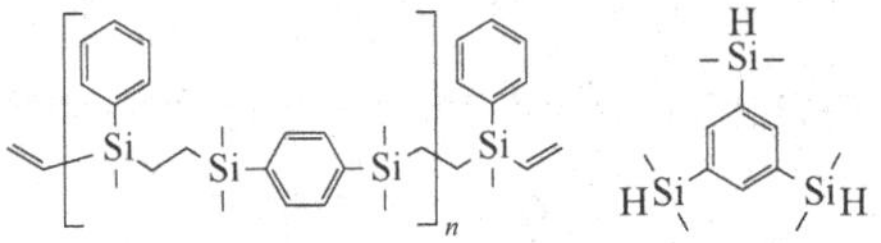 Si Si Si Si n H Si HSi SiH	380	34
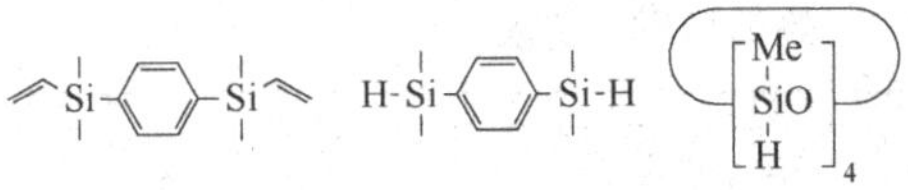 Si Si H-Si Si-H Me SiO H 4	472	9.0
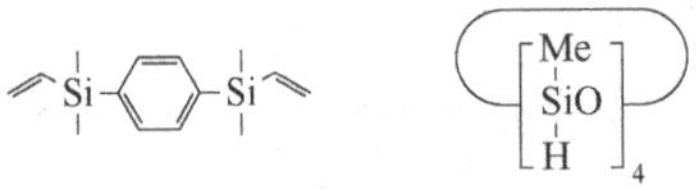 Si Si Me SiO H 4	521	3.0
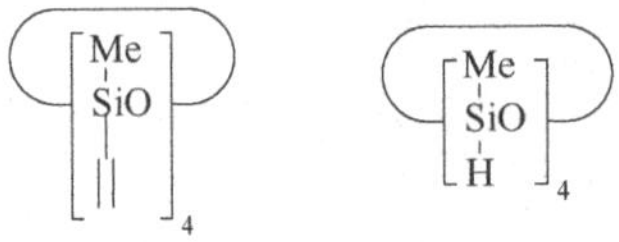 Me SiO 4 Me SiO H 4	>580	0.6

6.4.2 高耐热环氧树脂

环氧树脂是具有下列官能基的化合物的总称：①缩水甘油醚基；②缩水甘油胺基；③缩水甘油酯基；④脂环式氧化烯烃基。用于密封材料的环氧树脂，90%都具有甘油醚基。这种环氧树脂可以分为以双酚骨架为代表的2官能团重复型和以甲酚酚醛树脂为代表的多官能团重复型。为了提高环氧树脂的耐热性，一般倾向使用多官能团型。但是，可以通过提高交联密度来提高耐热性，因此需要增加重复单元，而环氧树脂自身的熔融黏度也会上升。功率器件用半导体密封材料通常需要适应高温工况，对于 SiC/GaN 功率器件，工作上限温度和下限温度之差为 250～300℃，为了降低应力，需要填充很大占比的熔融石英填料以降低线膨胀系数，这会导致密封材料黏度升高而带来危害。

作为解决该问题的一个方法，市场上有许多使用萘骨架作为重复单元结构的环氧树脂。图 6.20 显示了使用萘骨架的环氧树脂清单。DIC 公司出售的一种多官能型萘骨架环氧树脂[5,6]，与苯酚固化剂配合的体系中，T_g 也接近 250℃，并且固化产物内萘骨架分子间有取向配合，线膨胀系数低于普通环氧树脂。日本化药公司和新日铁住金化学有限公司出售称为萘酚醛酚醛树脂型和萘酚烷基型的环氧树脂以及具有相同骨架的苯酚固化剂。使用这些材料的树脂固化产品，除了与 DIC 公司产品一样 T_g 较高之外，还具有极强的阻燃性。为了增强密封材料化合物的阻燃性，往往在其中加入称为阻燃剂的含磷化合物和含氮化合物。由于这些化合物在密封材料的固化产物中作为增塑剂并未参与到交联结构中，

制造商	分子构造
DIC	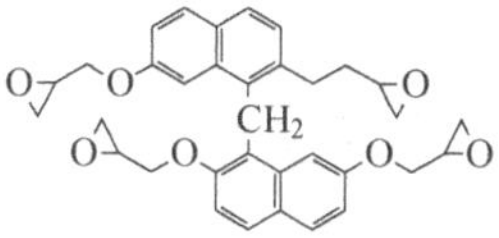 O O O O CH_2 O O O O
日本化药	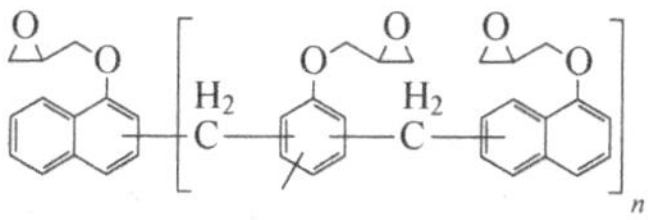 O O O O O O H_2 C H_2 C n
日本化药	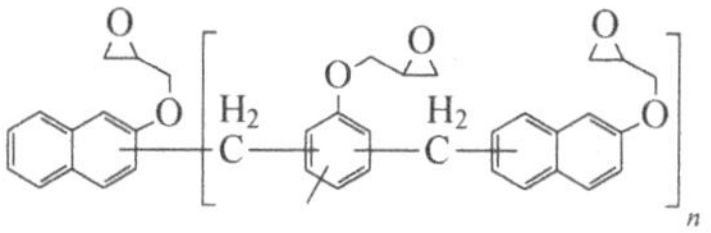 O O O O O O H_2 C H_2 C n
新日铁住金化学	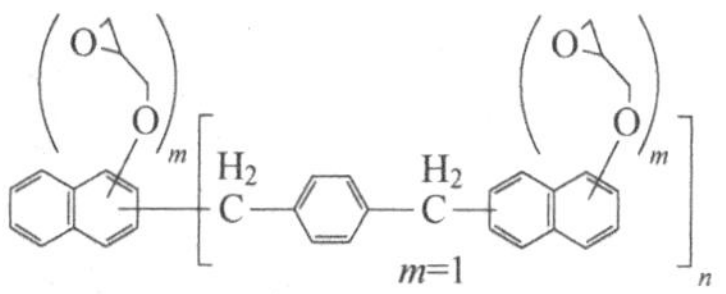 O O m O O m H_2 C H_2 C n $m=1$
新日铁住金化学	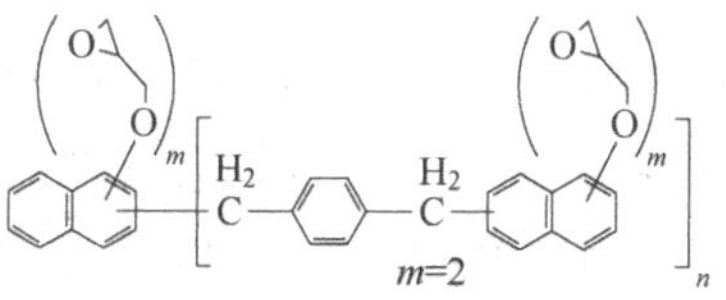 O O m O O m H_2 C H_2 C n $m=2$

图 6.20　具有萘骨架的环氧树脂

因此它们对耐热性和半导体封装内部的黏合性有不利影响。这些化合物的一个很大的优点是，即使不包含阻燃剂，也有很好的阻燃性。

6.4.3 热固性酰亚胺树脂

之前从未被用于半导体密封材料的热固性树脂，现在也在考虑之中。下面将描述热固性酰亚胺树脂和氰酸酯树脂。

热固性聚酰亚胺是20世纪70年代由NASA在开发其所谓的单体反应物原位聚合这一新的复合成型加工方法的过程中发现的[8,9]。被固化的是图6.21中所示的以所谓纳迪克酰亚胺结构封端的酰亚胺低聚物的混合物[10-12]。在200℃以上的高温下，逆Diels-Arder反应产生被称为环戊二烯和马来酰亚胺的两种化学物质，它们因为残留的纳迪克酰亚胺基和交联结构的形成而具有较高的耐热性。

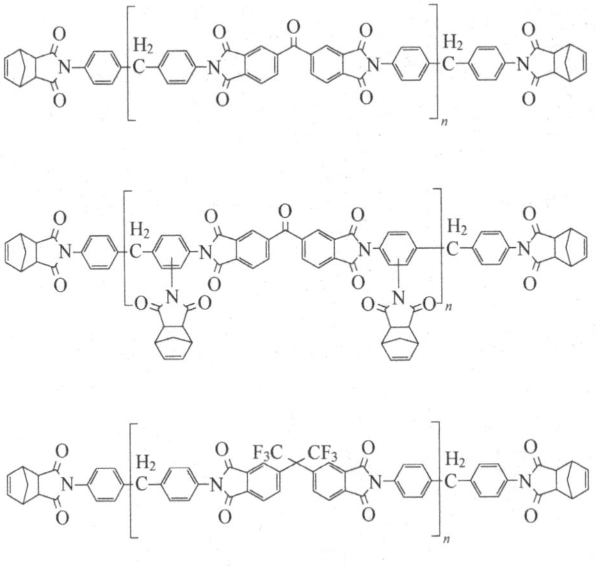

图6.21　纳迪克酰亚胺封端的酰亚胺低聚物

另一方面，由日本国民淀粉和化学（National Starch and Chemical）公司开发了乙炔封端的聚酰亚胺[13,14]。它具有一个乙炔末端和一个苯基乙炔基，如图6.22所示，它通过自由基机制在200℃左右的温度下迅速反应形成酰亚胺低聚物，然后加热到350℃左右固化，形成热稳定性非常高的交联结构。

另一方面，印制电路板中仍然广泛使用由两个马来酰亚胺封端的酰亚胺低聚物（双马来酰亚胺）的树脂。可以通过与二胺的迈克尔加成反应或仅由马来酰亚胺的缩聚而得到耐热的高 T_g 的酰亚胺成型品[15]。图 6. 23 所示为大和化成工业公司销售的双马来酰亚胺化合物的结构式。任何一种树脂体系的最高工作温度都等于或高于 SiC 功率器件设想的 $T_{jmax}=250℃$。此外，将具有酚性羟基的芳香族化合物的羟基置换为反应性氰酸物基末端的化合物被称为氰酸酯[16,17]。在 150 ~ 200℃（有催化剂时）或 200 ~ 300℃以上（无催化剂时）的温度下进行三聚化，形成三嗪环交联结构以完成固化。图 6. 24 所示为市售的氰酸酯化合物。利用这些单体就可以制作出耐热性很高的固化物，如果是多官能团型的话，玻璃化温度可以接近 400℃。该化合物的弱点是不耐湿，有水存在时会水解释放二氧化碳，所以固化物中容易产生由此引起的气泡和空隙，在实际使用时需要充分注意。氰酸酯也可以与上述热固型酰亚胺树脂发生交联反应，特别是双马来酰亚胺配合氰酸酯的树脂，被称作双马来酰亚胺三嗪（Bismaleimide Triazine Resin，BT）树脂[18]而使用。热固型酰亚胺树脂的固化物均耐热性都很高，但都非常脆且弱，使用双马来酰亚胺三嗪树脂等是为了改善其机械特性，使之更加强韧。

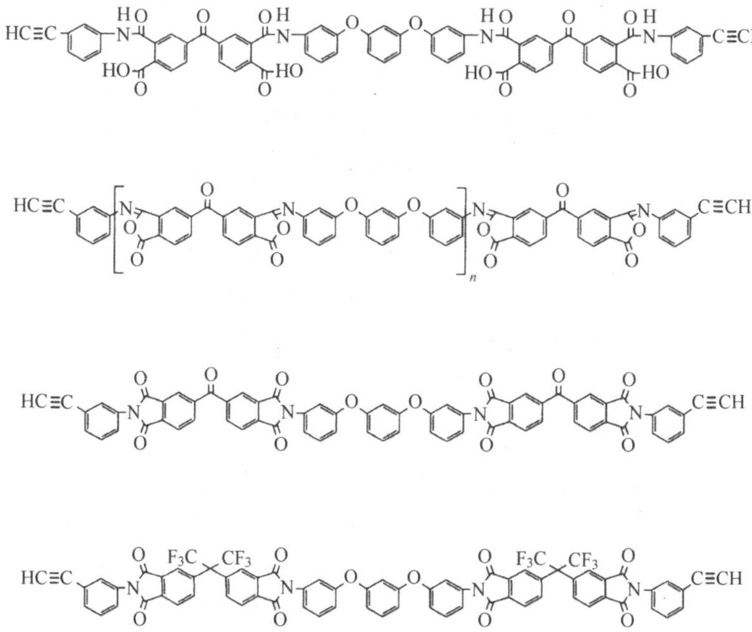

图 6. 22 乙炔基封端的聚酰亚胺

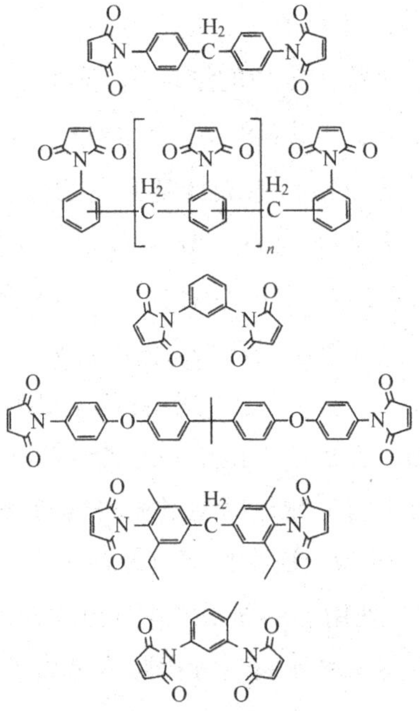

图 6.23　双马来酰亚胺化合物

制造商	分子构造
LONZA	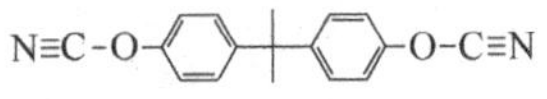
LONZA	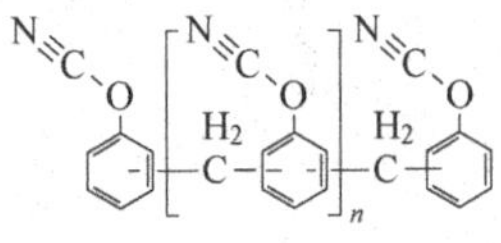
Hantsman	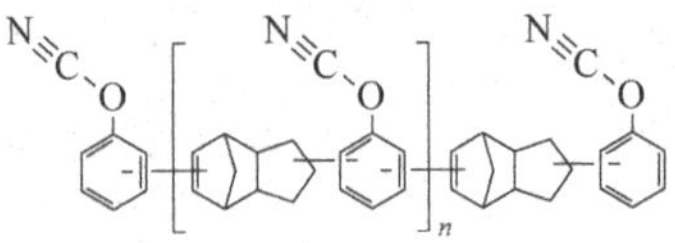
Hantsman	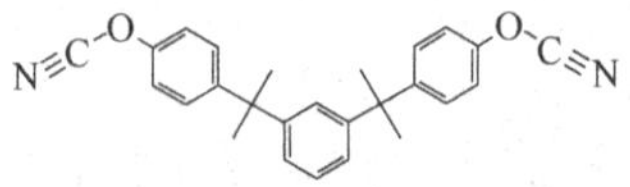

图 6.24　氰酸酯化合物

6.4.4 高耐热纳米复合材料

复合材料以有机树脂为基体，将筛分的无机化合物颗粒作为填充剂分散在基体树脂中，在工业上广泛用于模塑材料、油漆和油墨等领域。复合材料的物理性能通常介于有机树脂和无机填料之间，为了最大限度地发挥这两种组分的协同作用，需要提高基体树脂与无机填料界面之间的亲和力。耦合材料处理技术和无机表面处理技术由来已久。常规无机填料的大小约为微米级，当粒径进一步减小至纳米量级时，就被称为纳米复合材料。

图6.25显示了纳米复合材料的设计概念图。分散在纳米复合材料中的无机组分的粒径为普通复合材料粒径的1/100或1/1000。结果是有机-无机界面的面积也相应增加100倍和1000倍。因此，如果能够很好地控制纳米复合材料的有机-无机界面的亲和性，就能极大增进其协同作用。

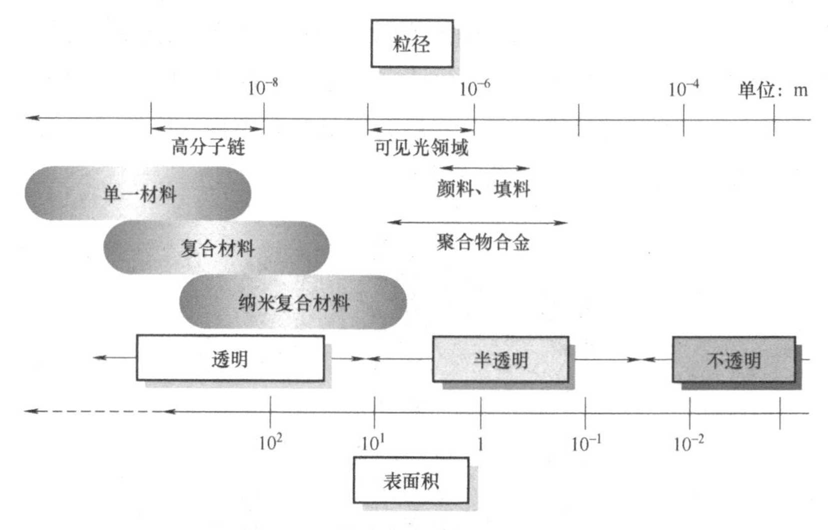

图6.25 纳米复合材料的设计概念

前一部分中描述的环氧树脂和酰亚胺树脂，在主骨架中都包括烃骨架，并且在交联网络结构中，缩水甘油醚或不饱和酰亚胺基与含活性氢基团的开环发生加成反应，产物中存在大量具有活性氢原子的CH-基，当暴露于200℃以上的空气中时，会发生自由基连锁反应引起的空气氧化而导致结构分解。因此，长时间处于200℃以上的空气环境中时，会发生固化产物的退化，伴随着重量的减少，以及机械性能和绝缘性能的退化。日本催化剂研究所主要的研究方向是通过抑制作为一系列空气氧化活性成分的氧自由基在环氧树脂固化物中的扩散，来减缓环氧树脂的退化速度并延长其耐热寿命。

此外，对于一般的纳米复合材料，即使纳米组分均匀地分散在环氧树脂低聚物或酰亚胺树脂低聚物中，在环氧树脂的固化过程中，纳米组分的分散状态也会随物质形态的变化而变化。在固化产物中由于聚合引起的不均匀性，阻碍了耐热性的显著改善。发生该现象的原因是热固性树脂在固化过程中，系统中生成了大量以固化引发剂为核的微凝胶，这些微凝胶聚合在一起形成三维交联体，影响了形态。

日本催化剂研究所的目标是开发一种具有非常高亲和力的纳米组分的纳米复合树脂。图 6.26 所示为新开发的一种纳米复合材料的结构模型，在侧链上具有刚性酰亚胺基的聚倍半硅氧烷[21-23]分散在环氧树脂或酰亚胺树脂中。该材料的电子显微镜图像如图 6.27 所示。未见到微凝胶的形成，并且纳米组分和基体树脂在分子水平上相溶，形态不同于普通热固性树脂。另外，为了更有效地提高纳米复合材料的耐热性，引入了以不饱和酰亚胺基团为侧链的聚倍半硅氧烷的交联固化体系。图 6.28 显示了固化物的动态黏弹性的测试结果，与仅包含环氧树脂的固化物相比，研发品在玻璃化转变温度 T_g附近储能模量 E'和损耗模量 E''的变化较小，表明可能具有不同于一般树脂的交联结构，例如相互网孔侵入结构或未知的交联结构等，需要进一步研究。

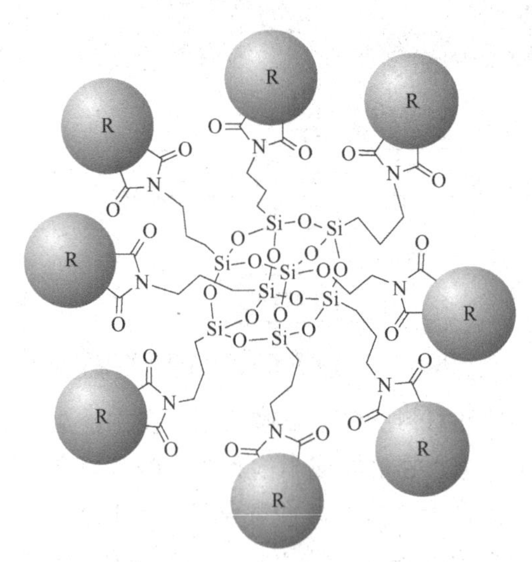

图 6.26　具有刚性酰亚胺基侧链的聚倍半硅氧烷的结构模型

为了考察这种新开发的以环氧树脂或酰亚胺树脂为基体的纳米复合树脂的耐热性，分别将其置于 200℃和 250℃的空气中测量失重。如图 6.29 所示，单独使用环氧树脂的固化物或单独使用酰亚胺树脂的固化物，很快都出现了显著

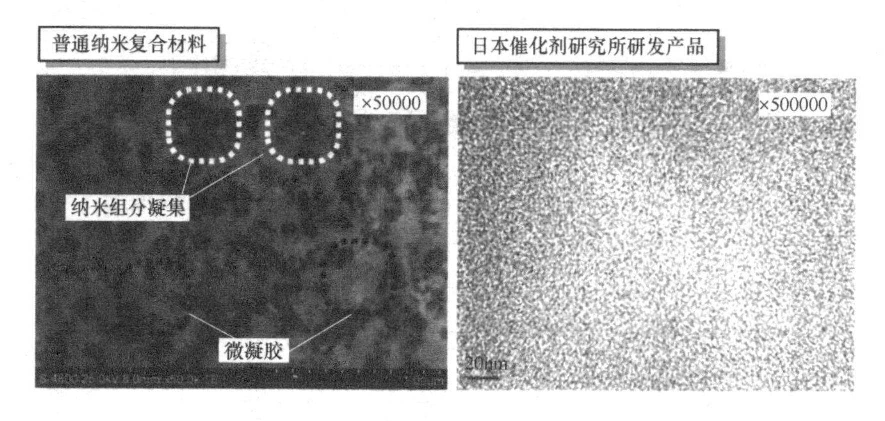

图 6.27　电子显微镜下的形态观察图像

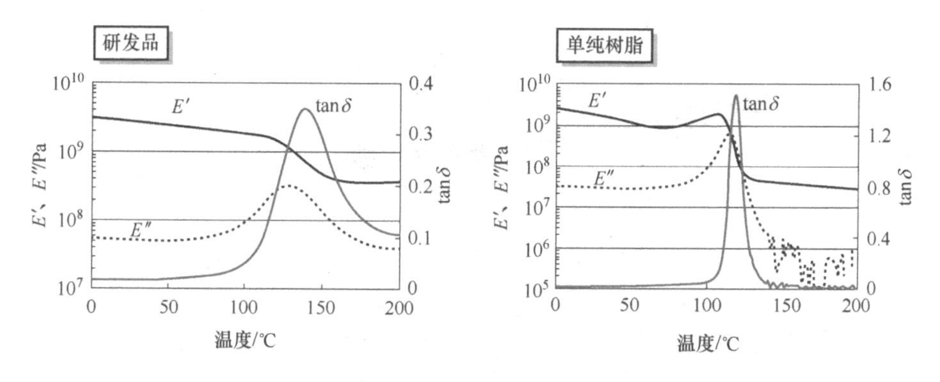

图 6.28　日本催化剂研究所研发品的动态黏弹性

失重。但是在研发品中，重量损失都非常小。因此可以确认，即使放置 1000h，两者重量变化率的差异也很显著。由此可以说，纳米材料的均匀分散有效地抑制了氧自由基在由基体树脂形成的交联网络中的扩散。

下面是将该高温纳米复合树脂应用于半导体密封剂的例子。

对于以环氧树脂为基体的纳米复合材料，以多官能环氧树脂和作为固化剂的芳香胺来形成基体。对于以酰亚胺树脂为基体的纳米复合材料，将氰酸酯化合物和马来酰亚胺化合物配合形成基体。通常使用诸如双螺杆挤出混炼机的熔融混炼机制备传递模塑密封材料，混炼加工时施加的剪切应力非常大，在材料之间以及与设备的摩擦生热会提高材料的温度。材料温度必须低于 100℃，也就是环氧树脂和酰亚胺树脂的固化起始温度。芳香胺化合物的分子结构强度高，适合制作高 T_g 的固化物，但是熔点接近 200℃的化合物大多很难用作密封材料。此外，氰酸酯化合物和马来酰亚胺化合物的熔点低，但容易结晶，在混炼加工

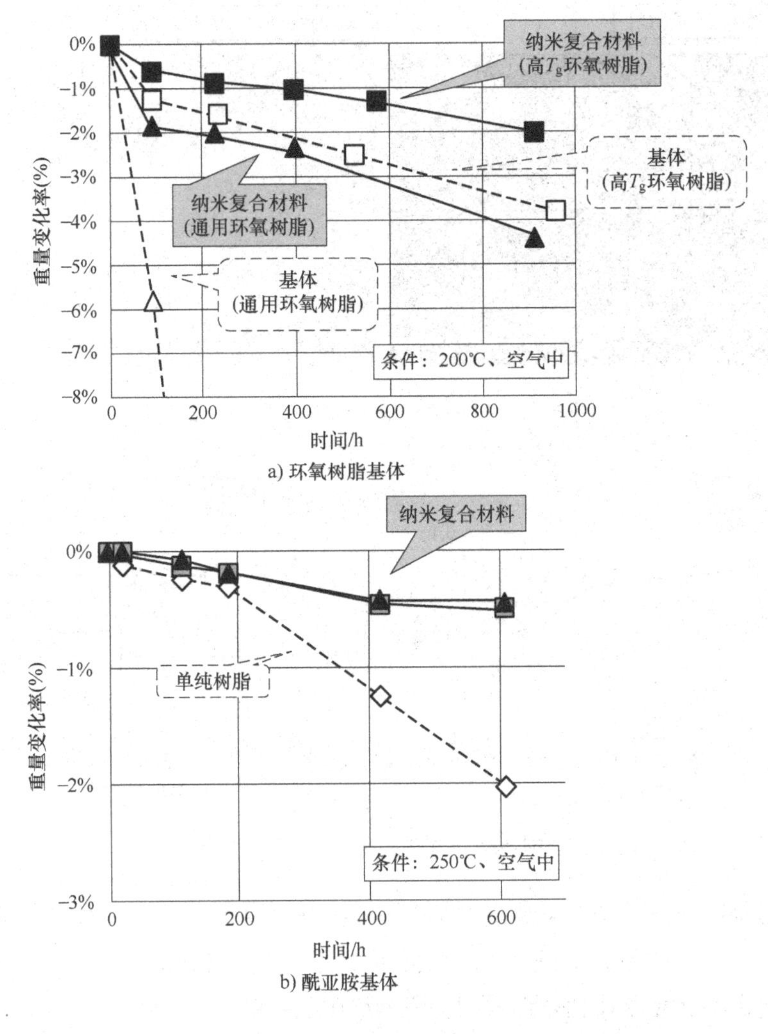

图 6.29　纳米复合材料在高温下的重量变化

后氰酸酯化合物和马来酰亚胺化合物会结晶分离，因此几乎没有用于封装材料的实例。而这些化合物与上述纳米组分复合后，会变为非晶态并且热软化温度降低至约等于加工温度的水平，即使长时间放置在室温下纳米组分也不会分离，而是保持稳定的分散状态。结果是将芳香族胺、氰酸酯化合物或马来酰亚胺化合物应用于密封材料组成，在加工温度下进行熔融混炼也可以保证足够的加工性，可以在复合工艺中和常规的半导体密封材料一样使用熔融球状 SiO_2 作为高填充填料。表 6.6 列出使用已开发的纳米复合树脂的一种半导体密封材料的物理性能，是T_g超过300℃的高耐热产品。图6.30显示了其模制样品的照片。

表6.6　使用纳米复合树脂的一种半导体密封材料的材料性质

项目	数值
成型性	
螺旋流长度	100cm
175℃黏度	25Pa·s
175℃凝胶化时间	20s
热特性	
T_g（TMA）/℃	252℃
CTE_1/ppm	13ppm
CTE_2/ppm	38ppm
T_g（DMA）/℃	310℃
机械性质	
弯曲强度	120MPa
弯曲弹性模量	22GPa
与铜的黏附强度	
剪切强度	7MPa以上
阻燃性	与UL94 V-0等同

图6.30　模制样品照片

图6.31显示了在200℃的空气中，使用纳米复合材料的半导体密封材料的绝缘特性随时间的变化。使用通用密封材料和纳米复合树脂密封材料分别制成厚度约为0.5mm的模塑产品，并在200℃的空气中放置1000h。在新样品中，

体积电阻率和介电击穿电压的退化都较为缓和，证实了纳米复合物对空气氧化的抑制效果。

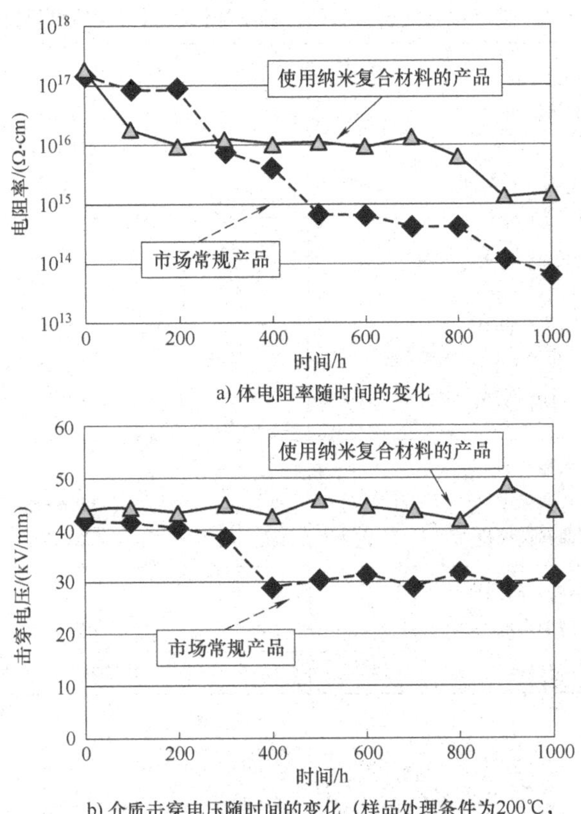

a) 体电阻率随时间的变化

b) 介质击穿电压随时间的变化（样品处理条件为200℃，在空气中放置0~1000h，样品厚度为0.5~0.6mm）

图 6.31 空气氧化对绝缘特性的影响

参考文献

[1] 中村省三・専坊由介：「超薄型半導体デバイス用エポキシ樹脂の熱劣化挙動」，成形加工（2005）Vol. 17，No. 4，270-274.

[2] 伊藤正義・井上浩二・岩田健二・三塚雅彦・奈良亮介・平山紀夫：「新規熱硬化性含ケイ素高分子の合成と物性—ポリ（シリレンエチニレンフェニレンエチニレン）類について—」，ネットワークポリマー（1996）Vol. 17，No. 4，161-168

[3] Manabu Tsumura and Takahisa Iwahara："Synthesis and Properties of Crosslinked Polycarbosilanes by Hydrosilylation Polymerization", Polymer Journal (1999) 31, 452-457.

[4] Manabu Tsumura and Takahisa Iwahara："Crosslinked Polycarbosilanes. Synthesis and Properties", Polymer Journal (2000) 32, 567-573.
[5] 小椋一郎：「エポキシ樹脂の化学構造と特性の関係」, DIC Technical Review (2001) No. 7, 1-12.
[6] 小椋一郎：「常識破りの最新鋭エポキシ樹脂」, DIC Technical Review (2005) No. 11, 21-28.
[7]「半導体封止用材料の開発と信頼性技術」技術情報協会，69 頁-85 頁
[8] T. T. Serafini, P. Delvigs, and G. R. Lightsey："Thermally Stable Polyimides from Solutions of Monomeric Reactants", J. Appl. Polym. Sci. (1972) 16, 905.
[9] E. Delaney, F. Riel, T. Vuong, J. Beale, K. Hirschbuehler and A. Leone-Bay："Preliminary Physical, Mechanical and Toxicological Properties of a Benign Version of the PMR-15 Polyimide Resin System", SAMPE Journal (1992) Vol. 28, No. 1, 31-36
[10] T. L. St. Clair and R. A. Jewell："LaRC-160：A New 550°F Polyimide Laminating Resin", Proceedings of the Nat. SAMPE Tech. Conf. (1976) Vol. 8, 82-93.
[11] R. D. Vannucci："PMR Polyimide Compositions for Improved Performance at 371℃", SAMPE Quarterly (1987) Vol. 19, No. 1, 31-36.
[12] R. D. Vannucci, D. Malarik, D. Papadopoulos and J. Waters："Autoclavable Addition Plyimides for 371℃ Composite Application", Proceedings of the 22nd International SAMPE Technical. Conference (1990), Vol. 22, 175-185.
[13] A. L. Landis, N. Bilow, R. H. Boschan, R. E. Lawrence and T. J. Aponyi："Homopolymerizable Acetylene-Terminated Polyimides", Polymer Preprints (1974) Vol. 15, No. 2, 537-541.
[14] L. Landis and A. B. Naselow："An Improved Processible Acetylene-Terminated Polyimide for Composite", NASA Conference Publication (1983), Vol. 2385, 11-22.
[15] Satheesh Chandran M., M. Krishna, Salini K., and K. S. Rai："Preparation and Characterization of Chain-Extended Bismaleimide/Carbon Fibre Composites", International Journal of Polymer Science Volume 2010 (2010), Article ID 987357, 8 pages.
[16] Ian Hamerton："Chemistry and Technology of Cyanate Ester Resins", Springer, Berlin (1994)
[17] Ian Hamerton："Recent Technological Developments in Cyanate Ester Resins", High Performance Polymers (1998) vol. 10, no. 2, 163-174.
[18] Ian Hamerton："High-Performance Thermoset-Thermoset Polymer Blends：A Review of the Chemistry of Cyanate Ester-Bismaleimide Blends", High Performance Polymers (1996) vol. 8, no. 1, 83-95.
[19] D. R. Paul, L. M. Robeson："Polymer Nanotechnology：Nanocomposites", Polymer (2008) 49, 3187-3204.

[20] Farzana Hussain, Mehdi Hojjati, Masami Okamoto, Russell E. Gorga："Review article：Polymer-matrix Nanocomposites, Processing, Manufacturing, and Application：An Overview", Journal of Composite Materials (2006) vol. 40, no. 17, 1511-1575.

[21] Shiao-Wei Kuo, Feng-Chih Chang："POSS related polymer nanocomposite", Progress in Polymer Science (2011) 36, 1649-1696.

[22] Ebunoluwa Ayandele, Biswajit Sarkar and Paschalis Alexandridis："Polyhedral Oligomeric Silsesquioxane (POSS)-Containing Polymer Nanocomposites", Nanomaterials 2012, 2, 445-475.

[23] David B. Cordes, Paul D. Lickiss, and Franck Rataboul："Recent Developments in the Chemistry of Cubic Polyhedral Oligosilsesquioxanes", *Chem. Rev.* 2010, *110,* 2081-2173

第 7 章

基板技术

功率模块的密度提升逐年加速，今后更加需要高散热技术和高可靠性技术。如图 7.1 [1,2] 所示，近 20 年来功率密度大幅提高。尤其是 IGBT 模块和智能功率模块（Intelligent Power Module，IPM）作为功率半导体器件贡献很大，电力电子系统装置的体积大幅度缩小，电力变换器性能也有了数量级的提高。

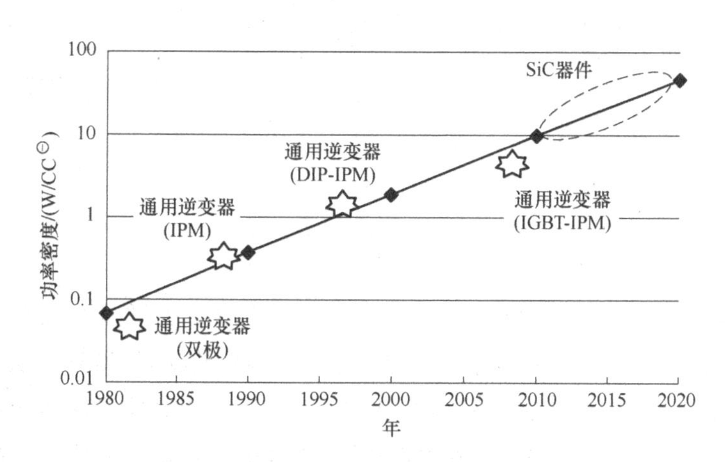

图 7.1　逆变器模块功率密度的演变

尽管硅半导体新技术的开发仍在进行中，但预计将在不久的将来达到极限。为了应对这一问题，正在研究作为创新技术的使用下一代（SiC 和 GaN）器件的功率模块，并且已经在大规模生产技术上取得了巨大进步，被认为是未来最受欢迎的技术。特别地，由于 SiC 器件可以具有更大容量，并且可以

⊖　$1CC = 1cm^3 = 10^{-6}m^3$。

在高温下工作，因此可以通过让小芯片承载大电流来使模块小型化。基于这些技术背景，模块的功率密度已大大提高，预计到2020年，功率密度将是当前的10倍。

传统上一直使用的是低频工作的晶闸管，但为了提高功率效率达到节能目的，已经开发了IGBT和IPM，并且使用这些元件的逆变器控制技术也已经广泛普及。主要应用是需要高电压和高功率的电气铁路应用（电车用模块）、中功率/中频电梯、工业机器人和汽车电气设备（见图7.2）。

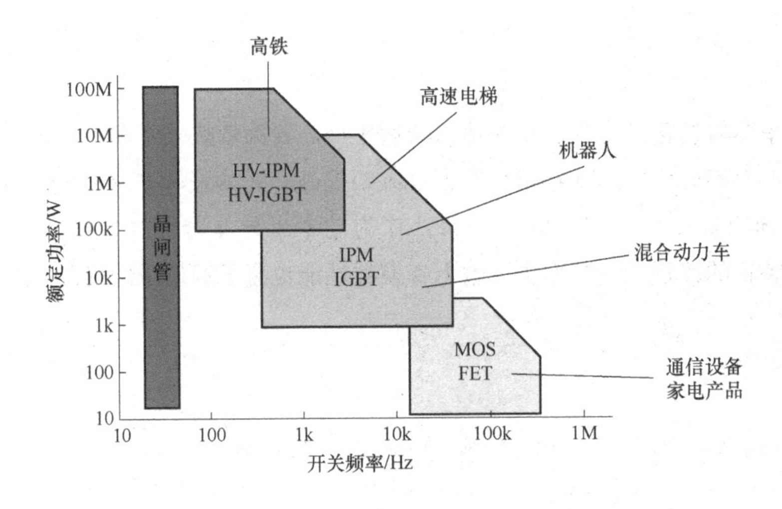

图7.2　功率模块的应用

如上所述，在各个领域中广泛应用的各种半导体，必须具有高功率适应性（高耐压、高散热性）和高可靠性（热冲击、高温特性等）。另外，随着用途和数量的增加，对降低成本的需求也在增加。自然地，半导体器件本身不能单独工作，必须安装在电路基板上时才能作为模块工作。因此，上述的性能要求不仅是针对半导体器件，而且功率模块中的基板和散热板也必须具有相应的性能；除了半导体器件之外，基板和外围技术也非常重要。

本章将介绍用于安装SiC半导体之类高功率/高密度半导体器件的基板技术（包括散热板的外围技术），主要举例说明基板概要（类型和应用）、散热板以及基板的必要特性。

另外还将解释与电路板密切相关的封装技术的演变；最后是对未来基板技术趋势的一个说明。

7.1 功率模块的演变和适用基板

由于转换损耗和高电压/高电流开关损耗，功率模块会产生热量，因此快速散热设计极为重要，设计中考虑功率器件的相互干扰也非常重要。

图 7.3 显示了常规的塑料壳模制功率模块，其底板之上为装有焊接组件的基板，用塑料外壳和硅酮树脂模制而成。迄今为止，根据额定功率的不同，人们分别使用了金属基板、Al_2O_3 基板和 AlN 基板。然而，使用陶瓷基板的模块具有诸如基板破裂、材料昂贵以及制造工艺复杂造成的成本上升等问题。

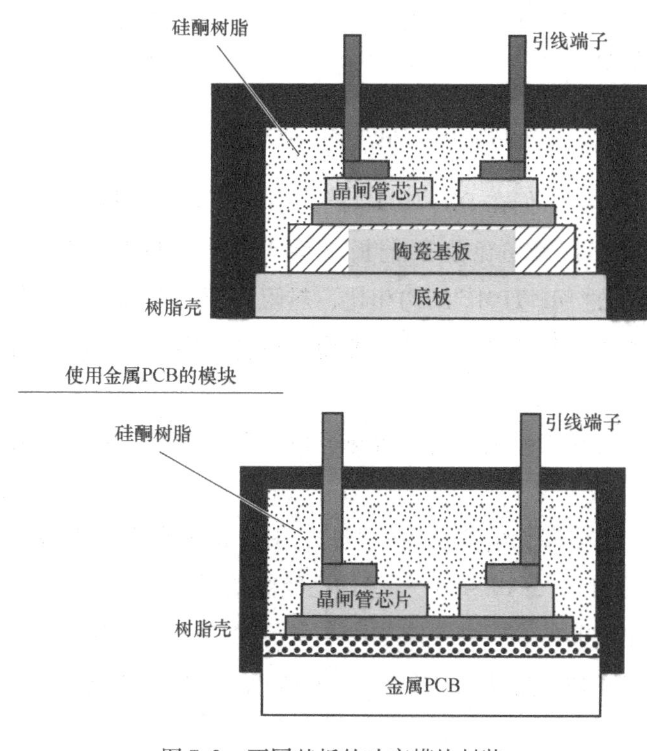

图 7.3　不同基板的功率模块封装

为了解决这个问题，人们利用 IC 制造工艺开发了一种传递模塑型树脂封装“DIP TPM™”（见图 7.4）。该创新方法将半导体安装在引线框架上，并且不使用基板以降低成本。但是，其结构和树脂材料（传递模塑树脂）散热性能不足，难以改善，只能用在小功率模块中。

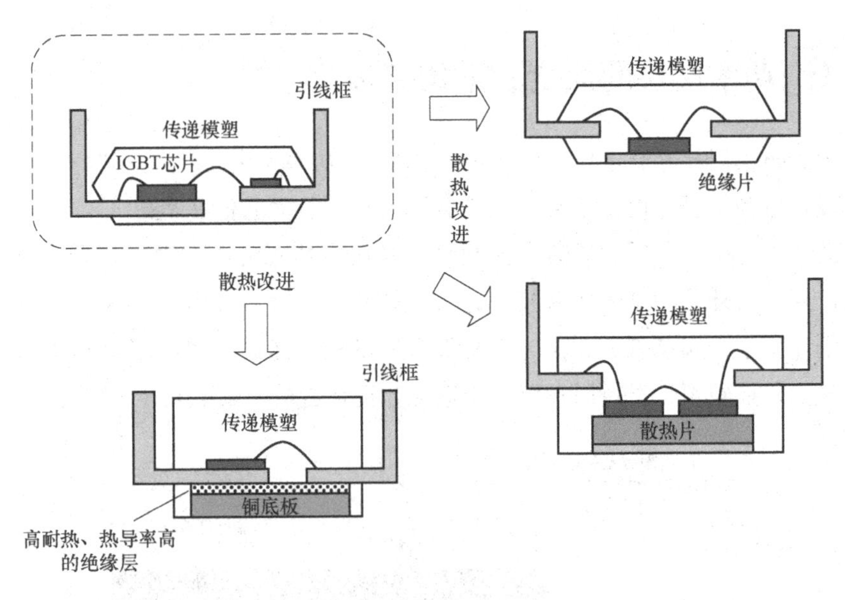

图 7.4　DIP TPM™的封装演变

为了有所改进，人们在 DIP TPM™产品中采用了嵌入高散热/绝缘树脂薄片和散热片的结构，以及覆绝缘层铜板（涂布高热导树脂等）等的结构（见图 7.4）。与以往的 DIP TPM™结构相比，热阻大幅度降低，模块自身的散热性大大提升。其结果是封装尺寸比以往类型大幅度减小，并可以适用于中等容量的功率模块。

但是大功率模块中强调更高的散热、耐压和可靠性，因此仍采用传统的树脂封装方法（见图 7.3）。

图 7.5 所示为实际大电流模块的照片，其中的各种陶瓷基板、铜底板以及下一节将介绍的 MMC（Al/SiC）等组件已经商品化。

由于基板上安装的 SiC 半导体芯片本身的发热密度很高，为了尽量发挥电气性能，大电流模块考虑使用 AlN 和 Si_3N_4 基板。对于低成本/中功率模块，铝基板也是候选材料。

但是就目前封装形式而言，SiC 半导体功率最大时的设想结温为 250°C，无法使用现有的聚碳酸酯基树脂外壳和硅酮树脂灌封剂，目前正在研究新材料。

如上所述，各种模块根据性能要求和额定功率等情况分别使用不同的电路基板。下一节将描述基板的概要以及可用于 SiC 半导体的基板的详细情况。

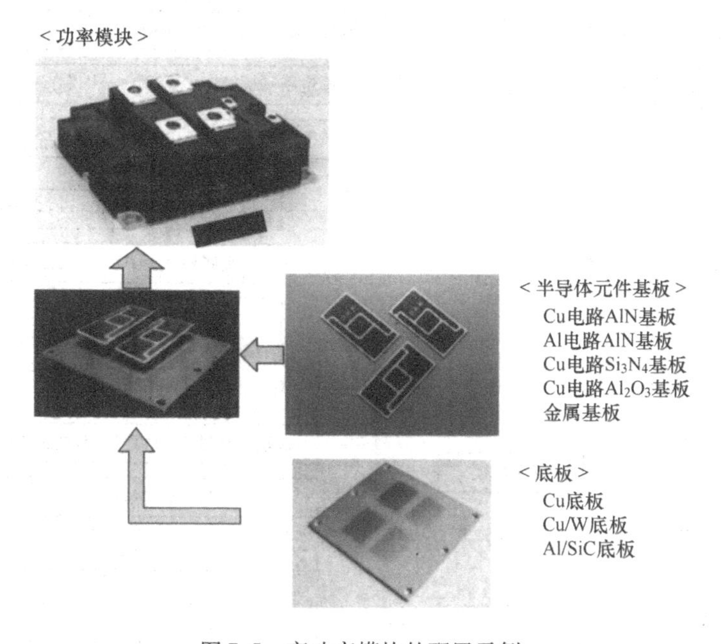

图7.5 高功率模块的配置示例

7.2 基板概要

7.2.1 基板种类和分类

用于电子设备和各种模块的基板大致可分为树脂基板、陶瓷基板和金属基底基板（见图7.6）。通常控制板主要使用树脂基板（刚性板），需要高密度安装的三维安装则使用柔性板。陶瓷基板用于高功率产品。树脂基板和陶瓷基板比较常见。陶瓷基板的成本昂贵，但具有优异的散热和耐热性，并且耐高压。树脂基板便宜，适合高密度布线，但是散热、耐热和可靠性差。为了弥补该缺点，可将树脂基板本身厚度减少并把金属底板附接到背面，称为金属基底基板（也称为金属 PCB）。这种基板是加强散热的树脂基板，在成本上比陶瓷基板便宜。由于其良好的性价比，它与陶瓷基板一起被用作中低功率范围功率模块的基板。

表7.1总结了上述三种类型基板的典型特性。陶瓷基板的散热特性优越，树脂基板适用于大规模生产（包括成本考虑），金属基底基板的散热性优于树

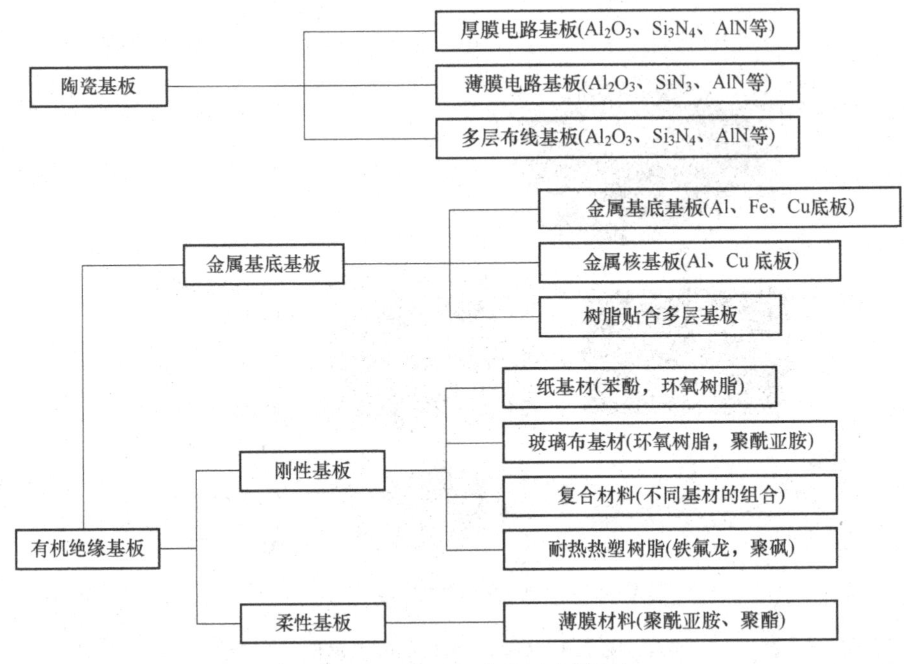

图 7.6　电路板分类示意图

脂基板，与 Al_2O_3 基板（陶瓷基板）的散热性基本相当。

图 7.7 是各种基板的额定电压及额定电流值区域的示意图。金属基底基板主要用于额定 600V/50A 系统以下的普通功率模块，在其之上的区域则使用陶瓷基板。特别是在额定电压超过 1200V 的模块中，使用了散热好的氮化物陶瓷基板。在 SiC 半导体基板中，根据额定功率，可以使用陶瓷基板和金属基底基板。下面的几节中将详细说明相应的基板。

表 7.1　各种基板的物理性能比较

材料性能	有机树脂基板	陶瓷基板	金属基底基板
热阻	×	◎	◎
耐压	◎	◎	◎
耐热	○	◎	○
介电特性	◎	◎	△
机械强度	◎	○	○
可加工性	◎	×	○
成本	◎	△～×	○

注：×代表“该项性能差”，○代表“不错”，◎代表“优越”，△代表“数据缺失或不适用”。

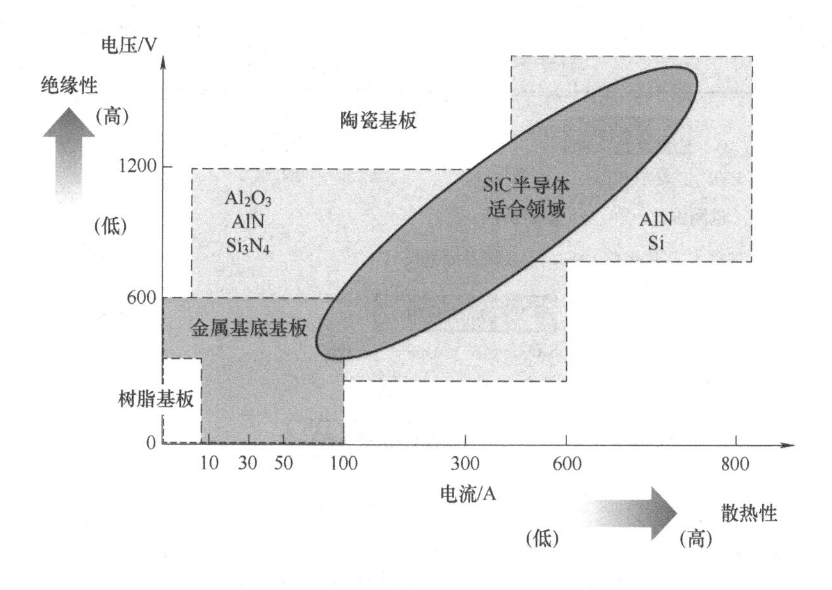

图 7.7 各种基板的额定电压电流区域图

7.2.2 陶瓷基板

图 7.8 显示了各种材料的导热系数。陶瓷基板大致分为氧化物型的 1 ~ 几十 W/(m·K)，和氮化物型的 50 ~ 200W/(m·K)。特别地，在高功率模块中，被转换和控制的功率高达数百 kW，因此要求电路基板具有高度的绝缘、散热和耐热性。氮化物基陶瓷材料被认为是有前途的材料。

当前市售的氧化铝（Al_2O_3）、氮化铝（AlN）和氮化硅（Si_3N_4）基板的强度和热导率之间的关系如图 7.9 所示[3]。AlN 基板具有 150W/(m·K) 以上的高热导率，但机械强度比 Si_3N_4 基板低，与 Al_2O_3 基板相当。另一方面，Si_3N_4 基板具有高机械强度，但热导率不到 AlN 的一半。

由于 AlN 烧结体在结构上是各向同性晶粒的聚集，因此不够致密，机械强度（断裂韧性）难以提高。与此相对的是，Si_3N_4 在结构上比 AlN 致密，机械强度更高。另一方面，尽管 β-Si_3N_4的理论热导率在 200W/(m·K) 以上，但由于存在低热导率的晶界相和颗粒内部的缺陷，图 7.9[3] 所示目前的值为 60 ~ 100W/(m·K) 或更低。与 AlN 相比，这是 Si_3N_4在高功率模块应用中的短板。然而，Si_3N_4基板的机械强度高，可以通过减少厚度来降低热阻，实现同样的散

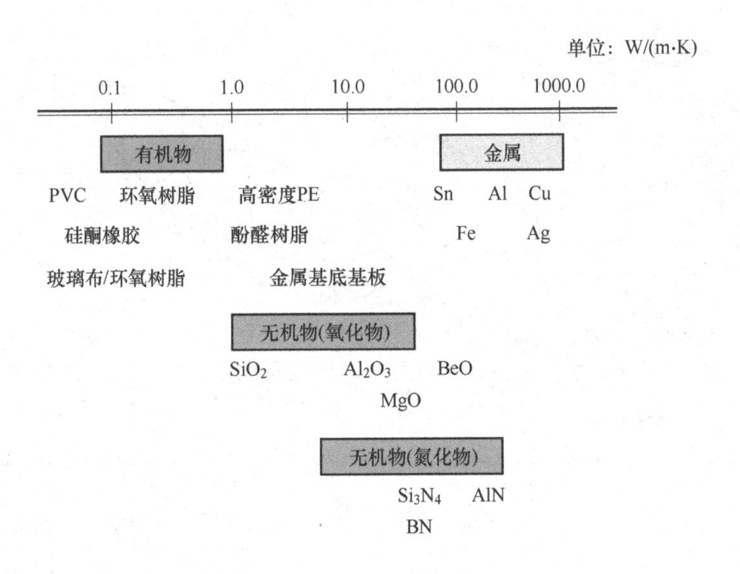

图 7.8　各种材料的热导率分布图

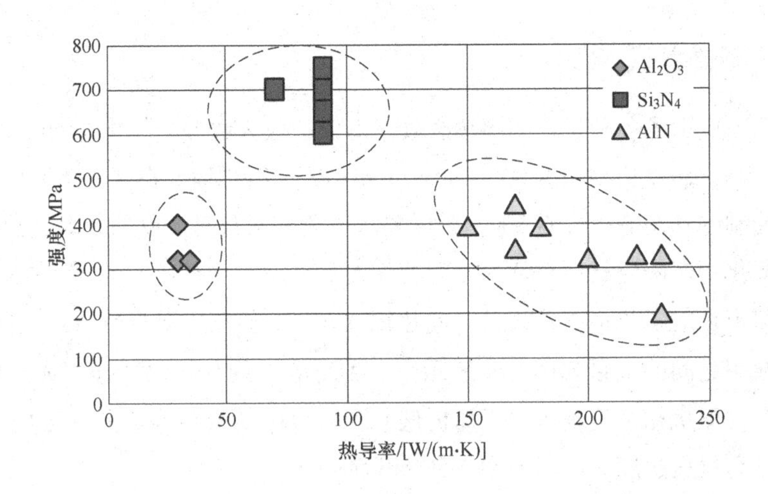

图 7.9　市售陶瓷基板的热导率与强度的关系

热效果。图 7.10 显示了通过减少 Si_3N_4 基板厚度来降低热阻的示例，可以看出，通过将常规基板的厚度减到一半或更小，可以大大降低热阻。然而，尽管减少厚度可以改善散热，但是也会降低介电击穿电压。根据所需的规格，Si_3N_4 基板已被应用于击穿电压值相对较低且散热很重要的汽车电气设备中。特别地，由于电气铁路应用要求优良的抗热冲击特性，因此 Si_3N_4 基板成为不可或缺的组件。

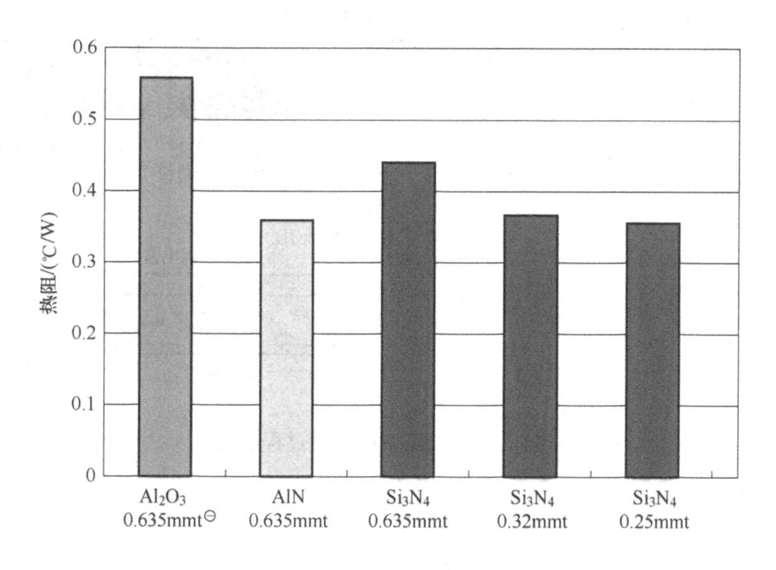

图7.10 通过减少 Si_3N_4 基板的厚度来降低热阻

图7.11显示了陶瓷电路基板的制作过程。首先将各种陶瓷粉做成生片，脱模烧制成所需形状，制成白板。接下来是在白板上形成电路，对于小功率模块（包括控制模块），可通过贵金属导体糊剂焙烧和电镀的金属化工序形成电路图案。但是，大功率（高电压/大电流）模块需要通过大电流的厚铜电路，其制作方法有所不同，即将厚度为0.3mm的厚铜板钎接到白板两面，然后通过蚀刻方法等形成电路。就电路所用导体金属来说，有铜电路和铝电路，分别适合于不同用途。

表7.2列出了氮化物陶瓷电路板的物理性质（典型值）。其机械性能和电性能与常规 Al_2O_3 基材相似，热导率和弯曲强度（Si_3N_4 基板）优异。此外，由于AlN基板是由各向同性的颗粒组成，而且晶格缺陷很少，所以在相同厚度下，其介电击穿电压等于或高于 Al_2O_3 基板（见图7.12）。

以上是对陶瓷基板的介绍，由于SiC半导体基板对散热和可靠性要求很高，所以就基板性能判断，氮化物陶瓷基板是第一候选。

⊖ mmt代表毫米厚度。——译者注

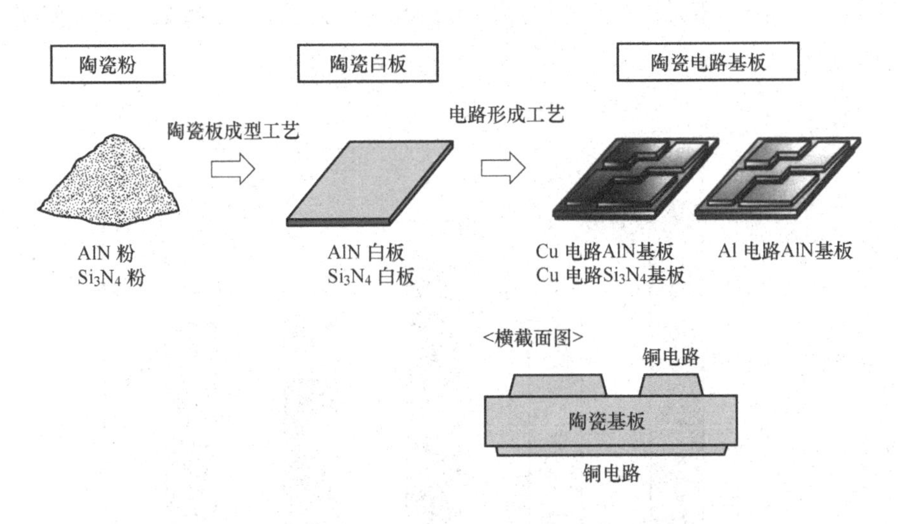

图 7.11　陶瓷电路基板制作过程示意图

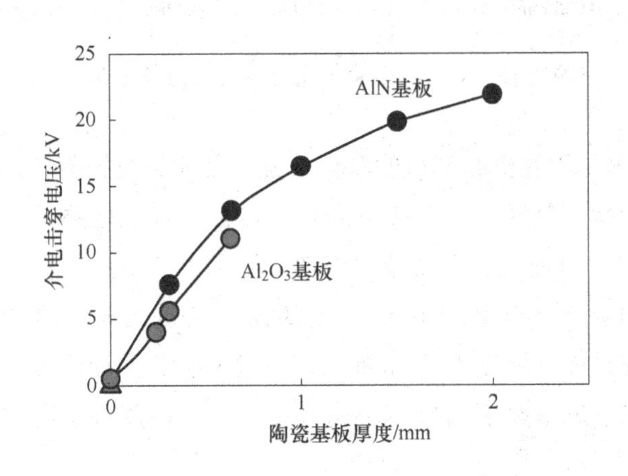

图 7.12　Al_2O_3和 AlN 基板的介电击穿电压特性

表 7.2　陶瓷电路板的物理性质一览（典型例子）

基板的种类		铜电路 AlN 基板（HSS）	铝电路 AlN 基板（ACS）	铜电路 Si_3N_4 基板（CSN）
结构	电路面	Cu/0. 3mmt	Al/0. 4mmt	Cu/0. 3mmt
	白板	0. 635mmt、150W/mK	0. 635mmt、180W/mK	0. 635mmt、90W/mK
	散热面	Cu/0. 15mmt	Al/0. 4mmt	Cu/0. 15mmt

（续）

基板的种类		铜电路 AlN基板（HSS）	铝电路 AlN基板（ACS）	铜电路 Si_3N_4基板（CSN）
机械特性	抗折强度/MPa	561 （534～621）	632 （591～677）	921 （848～970）
	变形量/mm	0.28（0.25～0.31）	0.30（0.27～0.33）	0.48（0.44～0.51）
	剥离强度/（N/cm）	169 （148～189）	未测到 （>196）	202 （191～209）
	平面度/mm	0.02（0.02～0.03）	0.02（0.02～0.03）	0.01（0.01～0.02）
	表面粗糙度Rz/μm	2	3	3
	引线键合/N	6.3（6.3～6.4）	5.8（5.5～6.0）	6.4（6.3～6.5）
	电镀附着性（410℃×10min）	膨胀、不脱落	膨胀、不脱落	膨胀、不脱落
	焊锡润湿性（%）	99～100	99～100	99～100
	线膨胀系数/（1/K）	4.5×10^{-6}	4.7×10^{-6}	3.0×10^{-6}
电学特性	绝缘耐压 （AC2.5kV×1min） （AC7kV×1min）	20/20通过 10/10通过	20/20通过 10/10通过	20/20通过 10/10通过
	绝缘电阻（125℃、>2GΩ）	5/5通过	5/5通过	5/5通过
	相对介电常数	8.6	8.7	9.0
	介电损耗（1MHz）	9.0×10^{-4}	9.0×10^{-4}	2.3×10^{-3}
	体电阻率/（Ω·cm）	$>10^{14}$	$>10^{14}$	$>10^{14}$

引自：陶瓷基板（电化学工业株式会社）技术目录。

7.2.3 金属基底基板

金属基底基板的基本结构如图7.13所示。除了常规树脂基板和陶瓷基板的特性之外，金属基底基板还具有金属的特性，例如高热导率、易加工和耐热冲击性等。如图所示，其结构基本上是在底板金属的一面上用环氧复合树脂粘贴一层铜箔的叠层铜板。通过改变其基底金属和绝缘层的材质组合，可以适应各种用途。

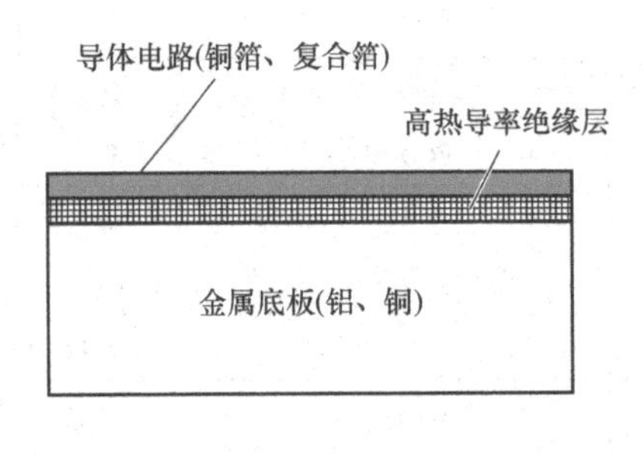

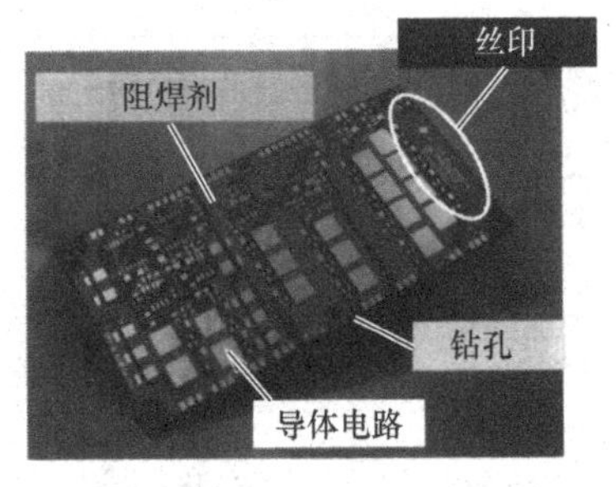

图7.13 金属基底基板的基本结构

功率模块基板必须具有优良的散热性能。就金属基底基板的构成材料而言，其金属底板由铝和铜制成，而绝缘层则多使用以高热导率的无机填料充填的填料环氧树脂。特别是铝基底基板利用铝的高热导率和重量轻等优点实现高密度封装，并且在诸如空调逆变器和通信电源等工业应用中取得良好表现。

表7.3和图7.14显示了各种金属底基板的性能比较（商品名/厂家：Hitplate/电气化学工业株式会社）[5]。一般的金属基底基板的热导率约为2W/(m·K)。高功率等级的可达4~6W/(m·K)，并且为了满足用户更高功率的需求，市场上也有热导率8W/(m·K)或更高的基板，甚至已经推出导热率可与陶瓷媲美[10W/(m·K)或更高等级]的产品。由于金属基底基板的主要目的是支持高功率，因此各公司正在集中精力采取措施来改善其导热性。

表7.3 金属基底基板的基本性能比较

特　性	测定条件等	普通等级K-1	高导热等级TH-1	8W/(m·K)基板B-1
热导率/[W/(m·K)]	激光闪光法	2.0	4.0	8.0
玻璃化温度/℃	DMA法	104	165	165
体电阻率/(Ω·cm)	25℃	4.3×10^{15}	1.9×10^{16}	6.1×10^{15}
相对介电常数	1MHz	7.1	7.8	7.4
介电损耗角正切	1MHz	0.004	0.018	0.013
绝缘层厚度/μm	SEM	100	125	125
热阻/(℃/W)	DKK法	0.64	0.46	0.35

（续）

特 性	测定条件等	普通等级 K-1	高导热等级 TH-1	8W/(m·K) 基板 B-1
绝缘层厚度/(N/cm)	初期：符合 JIS C6481	25.2	22.1	27.7
介电击穿电压/kV	初期：跃阶升压法	6.8	6.3	5.2

引自：HitPlate（电气化学工业株式会社）技术目录。

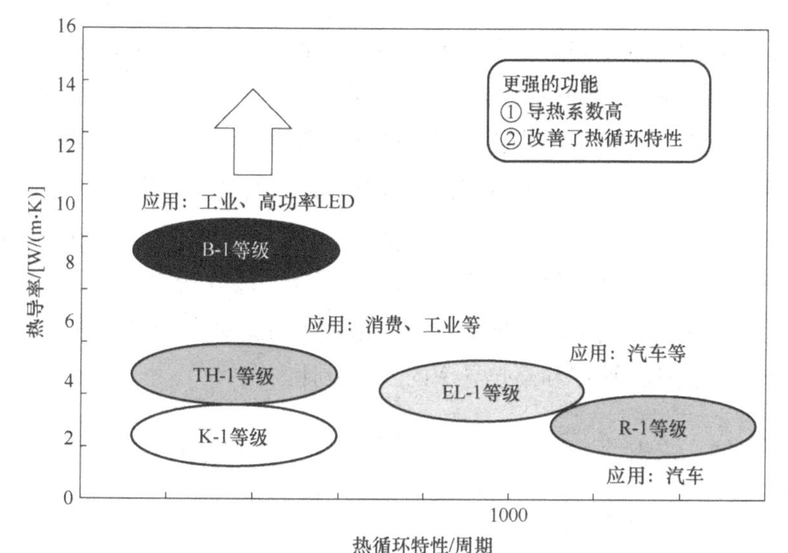

图 7.14 各种金属基底基板的性能比较

如上所述，金属基底基板的最大特征是散热性好，并且通过金属底板类型和高导热绝缘层组合的选择，金属基底基板可以具有与 Al_2O_3基板相当的散热性能。另外，由于成本相对较低，因此它和 Al_2O_3基板一样都是低中功率等级的功率模块基板的首选。

7.3 散热板/金属陶瓷复合材料

图 7.15 所示为功率模块的剖面结构示意图，其中电路基板（AlN 基板）被安装在散热板的底板上。在通用模块中，一般使用铜板，但是在重视（热循

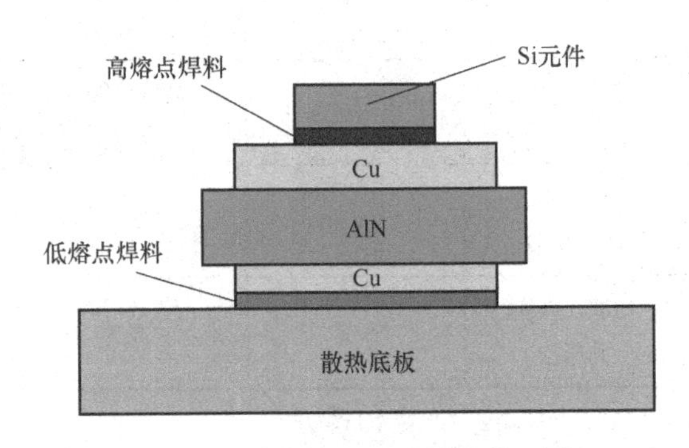

图 7.15　陶瓷基板功率模块截面图

环）高可靠性的电力铁路应用中，则使用膨胀率接近 AlN 基板的 Al-SiC 等金属陶瓷复合材料（Metal Matrix Composite，MMC）。SiC 半导体与高可靠性功率模块同样需要优良的耐热冲击特性，其温度循环跨度（ΔT）可能接近 300°C，如果要求更高的可靠性，就不能再用铜做散热底板，而必须采用 MMC。

MMC 的热导率/热膨胀系数特性如图 7.16 所示。MMC 具有与铝相似的热导率以及与硅酮等类似的热膨胀系数，并且可以通过改变铝和 SiC 材料的比例来调整每个物理性质的大小。换句话说，最大的优点是可以通过模块构件材料的组合来进行低热膨胀率和高热导率的工程设计。

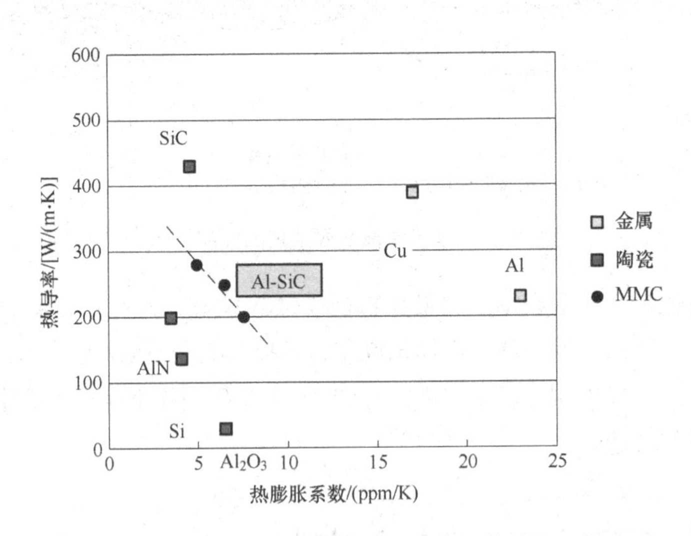

图 7.16　各种材料的热导率/热膨胀系数特性比较

表 7.4 列出了商品化 MMC 材料的物理性能示例，如上所述，这是一种兼具高散热性和低膨胀系数的散热板。可以看出，对于散热板应用，其他物理性能

也没有问题。图7.17是MMC材料的横截面SEM照片，其中SiC基体材料和铝是均匀分散状态。

表7.4 MMC（Al-SiC）的基本物理性质示例

组成	Al-Si合金+SiC（65vol%）
软化点	约570℃
密度	$2.98g/cm^3$
热导率	200W/(m·K)（20℃）
热膨胀系数	7.5×10^{-6}（50~150℃）
弯曲强度	400MPa
断裂韧性值	$8MPa\cdot m^{0.5}$
杨氏模量	220GPa（20℃）
比热	0.75J/(g/K)
电阻率	$2.1\times10^{-3}\Omega\cdot cm$

引自：AlSink/电气化学工业株式会社技术手册。

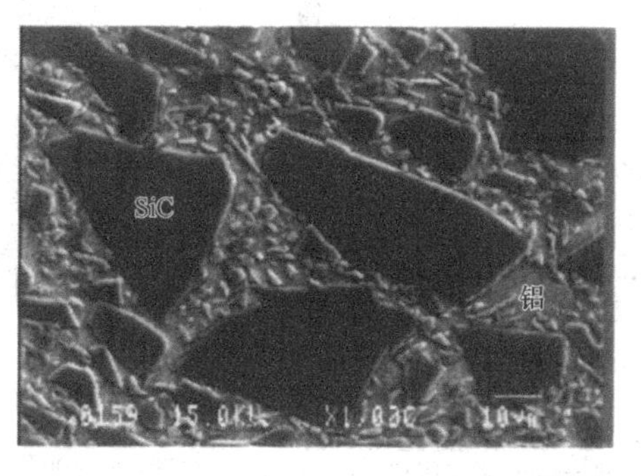

图7.17 MMC（Al-SiC）的SEM截面图

为了确认该MMC材料对于热冲击测试中热应力的降低效果，图7.18显示了以图7.15为模型，设置其散热底板的线膨胀率参数后实施应力计算的例子。从该图可知，在MMC散热板的线膨胀率为7ppm/℃的情况下，与铜散热板（16.5ppm/℃）相比，塑性变形率大幅降低。另外，在实验中，3000个循环（-40~125℃）试验后的基板焊锡剥离表现（剥离面积率）也非常好，与铜散热板结构相比，可以提高模块的可靠性（见图7.19）。

作为参考，表7.5[6]列出某个MMC材料的一些特性（商品名称/厂家：AlSink/电气化学工业株式会社）。

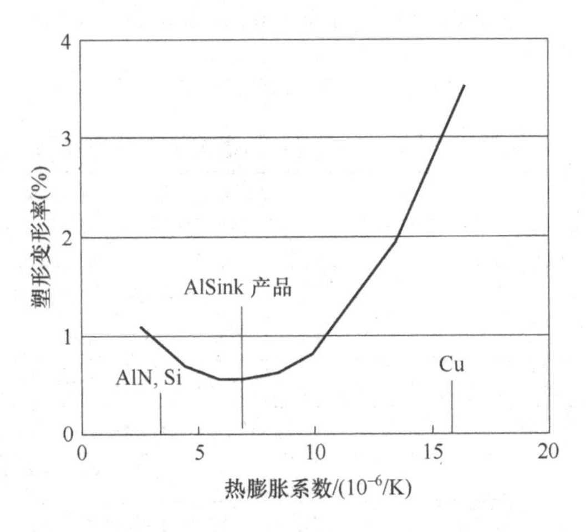

图 7.18　散热板在不同热膨胀系数下的塑性变形率（模拟结果）

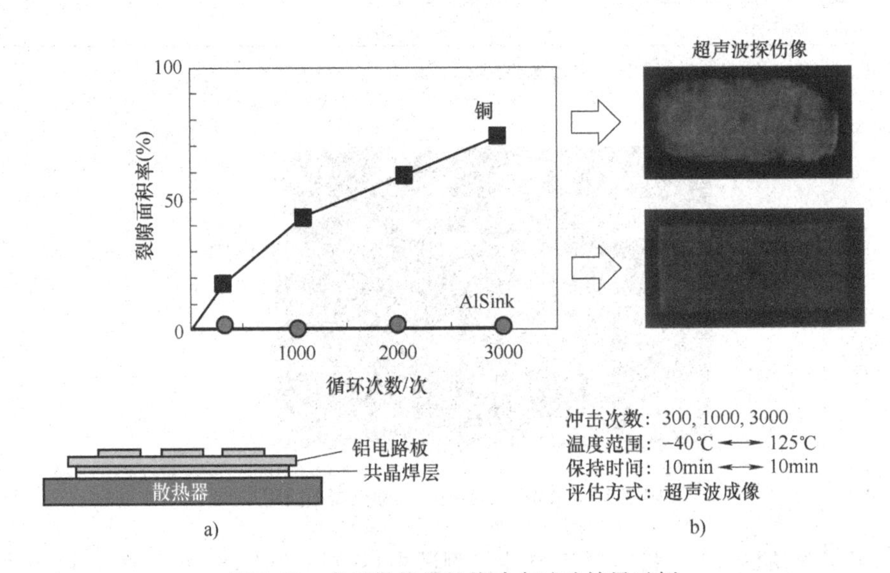

图 7.19　各种散热板的热冲击试验结果示例

表 7.5　MMC（Al-SiC）特性一览表（典型值）

特性	AS-SC80	AS-SC70	AS-SC65	A-SC60	A-SC80	AS-SC80H
所用陶瓷	SiC	SiC	SiC	SiC	SiC	SiC
所用铝（合金）	Al-Si	Al-Si	Al-Si	Al	Al	Al-Si
填料体积比（%）	80	70	65	60	80	80
密度/(g/cm^3)	3.1	3.0	2.95	2.9	3.1	3.1

（续）

特性	AS-SC80	AS-SC70	AS-SC65	A-SC60	A-SC80	AS-SC80H
热膨胀系数/(ppm/K)	5.0	6.5	7.5	9.0	6.5	4.7
热导率/(W/m·K)	250	220	200	200	250	280
弯曲强度/MPa	350	400	400	400	300	300
电阻率/(μΩ/m)	0.9	0.6	0.5	0.4	0.6	0.9
杨氏模量/GPa	300	240	220	200	300	300

引自：AlSink/电气化学工业株式会社技术手册。

7.4 SiC/GaN功率半导体基板的特性要求

目前，硅半导体器件的最大应用结温 T_j 已从以往的150℃提高到175℃。高于这一极限温度，功率转换效率等将大大降低。然而，SiC半导体器件具有良好的高温物理性质（电性质），期望工作温度为250℃。在这种情况下，半导体的工作温度范围 ΔT 约为200°C，并且还必需满足严格的温度循环特性要求（见图7.20）。

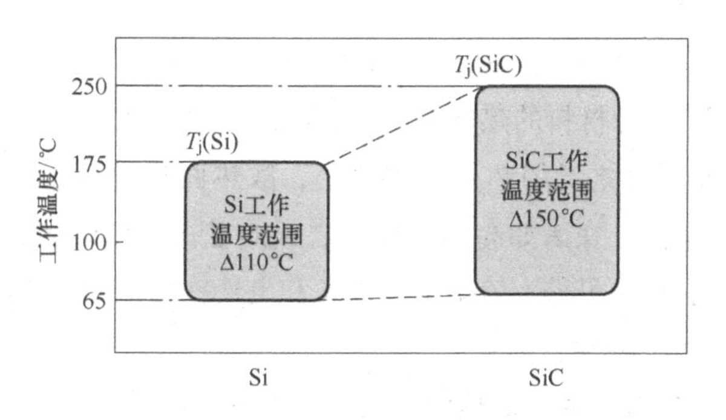

图7.20 不同半导体的工作温度范围

如上所述，功率模块控制数十至数百kW的大功率的转换，其电路板必须具有优良的绝缘、散热和耐热特性。AlN基板因其200W/(m·K)的热导率以及高可靠性和电气特性而被用于高功率功率模块和汽车电气设备中。但是，对功率输出密度的要求逐年提高，特别是对SiC半导体器件，要求值非常高。

图 7.21 所示为以二维方式显示功率模块中的热流。

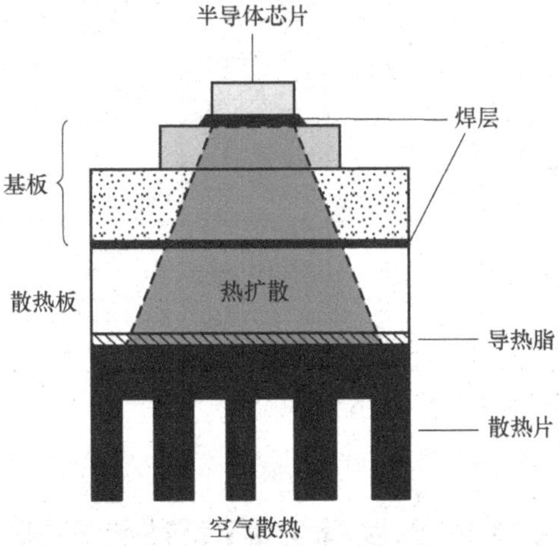

图 7.21　功率模块中的热流

半导体芯片产生的热量沿深度方向扩散，向下穿过基板和散热板，并从散热（翅）片散发到空气中。在这种情况下，电路基板就成为决定模块中散热规律的材料。

不考虑热横向扩散情况下的热阻 R_{th} 如式（7.1）所示，在很大程度上取决于基板的构成材料。

$$R_{th} = \sum(1/\lambda \cdot t/S) \tag{7.1}$$

式中，R_{th} 为热阻；λ 为材料的热导率；t 为厚度；S 为传热面积。

此外，SiC 半导体之类的芯片面积较小，散热面积也较小，因此整个模块的热阻会更高。所以，在诸如高功率模块之类的重视散热的装置中，必须选择热导率高的基板材料。另外，汽车电气设备和电气铁路应用属于高温暴露环境，要求优良的耐热冲击特性。

图 7.22 是 AlN 陶瓷基板对热冲击试验反应的示意图。图 7.22a 显示经历热冲击时基板的行为，图 7.22b 是基板上的热应力分布图（模拟结果）。从该图可以看出，最大主应力出现在铜导体的边缘（陶瓷基板内部）。因此，当热冲击次数增加时，该部分退化，发生材料破坏（裂纹）。图 7.23 是基板中产生裂纹的示意图，裂纹从导体边缘部向陶瓷内部扩展。

因此，在功率模块基板的特性要求中，不仅有高热导率，还包括优异的机械特性（例如弯曲强度）。特别是在工作温度较高的 SiC 半导体中，热冲击温度范围比 Si 半导体大，因此需要更好的性能。

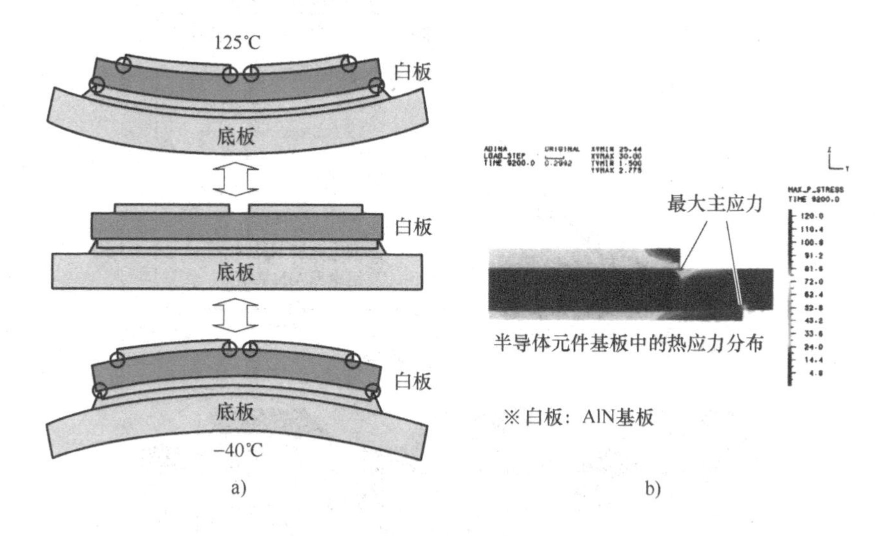

图 7.22 AlN 基板中的热应力行为

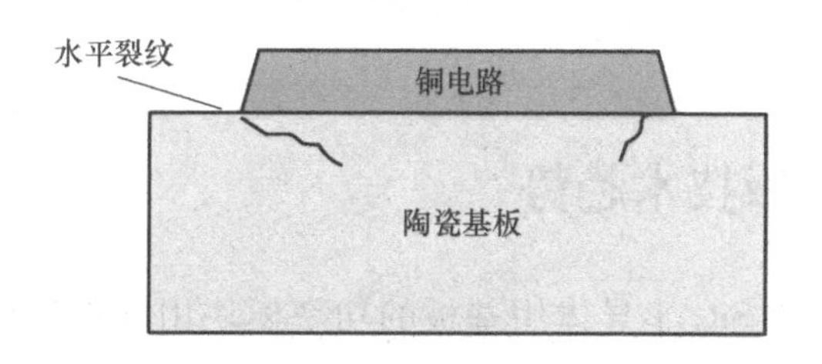

图 7.23 热冲击试验中发生的横向裂纹（示意图）

图 7.24 显示了各种陶瓷基板的耐热冲击特性。如上所述，基于氮化物的陶瓷电路板可大致分为三类（见图 7.24 中①~③）。电路导体类型有铜和铝，陶瓷类型可以是 AlN 或 Si_3N_4。一般的铜电路 AlN 基板在约 1000 次热循环后会产生裂纹。但是铝电路 Si_3N_4 基板即使经过 2000 次热循环也不会破裂，结果良好。

如上所述，为了让基板具有强的热冲击性能和高可靠性，需要缓和导体边缘部分的热应力或使用强度高的基板材料。在这方面，氮化物陶瓷被认为是非常有效的材料。同样地，高散热特性和高热冲击特性对于 SiC 半导体基板也是必不可少的。目前，可以说氮化物基陶瓷基板可以满足这些特性要求。

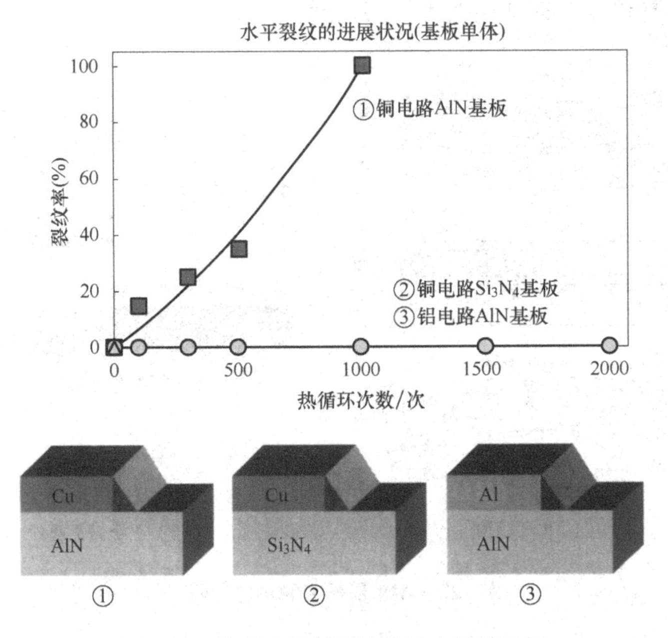

图 7.24　各种陶瓷基板的热冲击特性示例

7.5 未来基板技术趋势

本章前面对包含 SiC 半导体用基板的功率模块用基板进行了说明。就 SiC 半导体用基板而言，根据元件性能水平，功率密度有望进一步提高，面积继续缩小（小型化）。安装这些元件的基板当然也需要进一步提升功能，降低成本。

就基板材质而言，主要考虑无机材料，可以考虑提高导热性（Si_3N_4陶瓷）和机械强度（AlN 陶瓷）等。另外，中等功率以下的模块下必须降低成本，因此树脂基复合材料的应用也将受到重视。

关于导体电路，由于芯片面积缩小/功率提高的趋势，导体电路的厚膜化要求增强，正在研究厚度在 0.3mm 以上的铜电路基板，预计低成本适合量产的电路形成工艺技术也会成为关键技术。

另外，为了提高可靠性，各公司均推出了“散热板和基板的集成基板”。这是在铝板和 MMC（SiC-Al）上，通过铝材料集成 AlN 基板的基板（见图 7.25）。除了通过去除焊锡层来提高散热性之外，还能提高热冲击特性。

如上所述，随着各领域中 SiC 半导体的快速普及，期望能够不断地开发出新结构的基板。

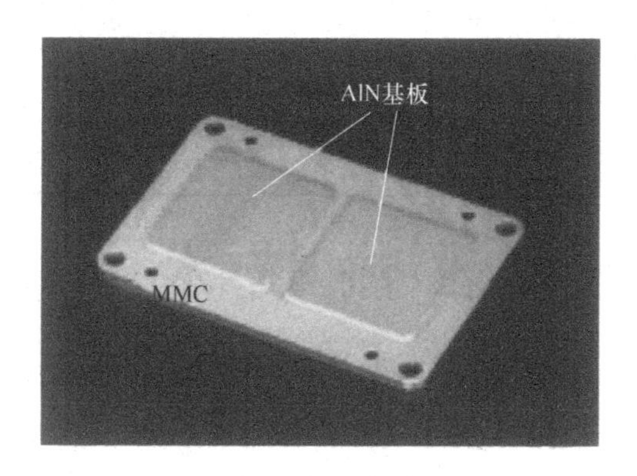

图 7.25 MMC/AlN 板集成板

参考文献

[1] 佐藤克己：「省エネルギーに貢献するパワーモジュール」，電気学会ニューズレター，(2009.4)
[2] 産業競争力懇談会，「グリーンパワーエレ技術」，2009/3/6 報告会資料
[3] 平尾喜代司他：「高熱伝導性窒化ケイ素セラミックスの開発」，pp. 40–43，FC Report 30 No. 2 春号，(2012)
[4] 電気化学工業株式会社：商品名“ANP プレート”技術カタログ
[5] 電気化学工業株式会社：商品名“ヒットプレート”技術カタログ
[6] 電気化学工業株式会社：商品名“アルシンク”技術カタログ

第8章

散热技术

8.1 散热（冷却）[⊖]技术的概念

对于电机、电子设备来说，散热是不可避免的重要课题。热力学告诉我们，“所有的能量最终都会成为最稳定的（难以利用的）热能”。处理电能的设备效率再高，也不可能完全不发热。从耗电本来只是为了发光或做功的白炽灯和电动机，或是从巨大的发电站到小小的最新智能手机，在电气设备和电子设备内部必定会产生热量。在设计这些产品的时候，从开发初期阶段就应该考虑如何解决散热问题。

一般来说，冷却固体比加热固体更难。让导体流过电流就可以通过焦耳热来加热整个导体，而如果想要冷却导体，除了使用比“被冷却体”温度更低的物质从外部吸走热量，几乎没有其他办法。2011年东日本大地震中发生的可怕的核电站事故至今仍让人记忆犹新，那次事故的直接原因是核反应堆无法冷却。即使是集合现代科学技术制造出来的设施，最重要的燃料棒的冷却也是依靠外部循环水。目前的功率半导体的热密度［热通量（W/cm^2）］已经超过了核燃料棒表面的热通量。

功率半导体的小型化和高功率化的趋势是毫无疑问的，但是冷却方法也需要相应的发展。这里将通过展示具体示例来介绍有望适用于不断发展的功率半

⊖ 一般来说半导体器件的散热和冷却并无本质区别。相关的部件和设计很多，名称也不统一（散热片、板、器等），容易混淆。译者尽量做到前后一致。一般来说，本书中散热往往指单纯的（元器件内部）热量传导，冷却有（通过流动物质）将热量带走去外部之意。——译者注

导体器件的冷却技术。

对于电机、电子设备来说，如何应对原本不需要的“热”，对于这些产品的开发、设计人员来说是永远纠缠不休、无法逃避的课题。散热措施的好坏对产品的可靠性和成本有很大的影响。对于不断进化的功率半导体来说，散热措施无疑是决定其能否实际应用的一个重要因素。

8.2 SiC/GaN功率半导体的特性以及与其散热相关的问题

被称为宽禁带半导体的SiC/GaN半导体与传统的Si半导体相比，由于构成材料的原子之间的键合更强，所以熔点、热导率、电导率、电子移动速度和介电击穿场强都比较高。这些特性可以使器件厚度降低，半导体的电阻值大幅下降，因此可以减少工作时焦耳热造成的电流损耗，提高电力效率。而且，由于耐热性提高，使得其还可以在高温下工作。

从半导体散热的观点来看，因为工作时发热量减少，被冷却体和周围的温度差扩大，所以是利于散热的。也就是说，以较大的温差移走较少的热量应该是更容易的，下面是对这个疑问的解释。

开发宽禁带功率半导体的目的是满足低损耗带来高效率之后设备的进一步小型化、高功率的要求。也就是说，人们想要减小半导体的尺寸，流过更大的电流。因此，虽然效率提高了，但是半导体器件单位面积的发热量并不一定减少[2]。宽禁带功率半导体的特点是低损耗、高温工作以及小型高密度化，从半导体散热的观点来看，会产生新的课题。

8.2.1 高温工况的应对方法

在宽禁带功率半导体中，与低损耗同样吸引人的一个特征是高温工况。如上所述，需要冷却的半导体的温度变高，与周围的温差变大，有利于散热。这是因为，当热量从高温物体移向低温物体时，无论是热传导还是传热或辐射，如果温度差增加，则单位时间转移的热量就会增加。如果低损耗散导致发热量减少，那么在温度差较大的情况下转移较少的热量，有可能大幅度简化散热机构。可能从液冷变为风冷，并进一步省去风扇，减小散热器的尺寸等。

然而，为了实现高温工作，在构成材料、可靠性和安全性方面存在以下课题。

1. 材料的耐热性

为了在高温下使用半导体器件，封装材料和结构也必须具有与半导体相同的耐热性。具体而言，是指基板、焊料、布线材料、密封材料等。在高温下的空气中，材料的氧化也可能会加重。

目前，尚未发布能替代现有无铅焊料的高熔点键合材料以及可承受 200℃以上高温的树脂材料，这是在实现高温工作时遇到的主要问题。

2. 热循环可靠性

工作温度越高，与关断状态时的温度差就越大。有电流通过时会发热升温，不工作或关断时会降至室温，需要采取措施应对这种工作温度范围的扩大。高温和常温之间温差的扩大增加了构成材料的热膨胀，以及异种键合材料之间的热应力和热变形。这可能降低半导体器件及其组成构件的可靠性。当前的硅半导体器件，其封装用的金属、陶瓷和树脂材料的组合结构，在设计中必须确保热循环的可靠性。为了实现宽禁带功率半导体的高温工作，必须防止温差扩大而引起的热应力和热变形增加。

为了减少由不同材料的组合结构产生的应力和应变，需要开发新的结构和优质的材料。

3. 人身安全

确保安全对涉及人工操作的工业产品至关重要。UL 标准规定设备的表面温度如下：“可接触设备的外表面”的温度对于金属为 +45℃，对于塑料和橡胶为 +75℃；另外，即使在“人类通常不接触的区域”中，温升限制也定为 +75℃，如果外部气温为 35℃，则设备外表面温度必须保持在 110℃以下。此外，随着温度升高，结构体破裂、燃烧、分解等的风险增加，必须采取充分的安全措施。从确保安全的角度出发，冷却功能非常重要。在某些情况下，可能需要考虑设备外表面的隔热。隔热减少了该区域的热传导并限制了冷却。

“高温工作”的优点是可以简化冷却机构，但是要实现它，需要解决重要问题。目前还没有找到能一举奏效的材料或结构，特别是对于耐热性和冷热可靠性的问题。

因此，在设计时也可以不拘泥于高温工作，而是选择只比以往稍高的工作温度，或者限制高温工作的时间。因为可以使用之前价格便宜、可靠性高的材料，所以在品质、成本、采购方面也很方便。

如果是这样的话，那么可以应用与常规 Si 半导体几乎相同的散热方法吗？要想知道答案，就必须考虑下面所示的宽禁带功率半导体的发热密度（即热通量）的影响。

8.2.2 针对发热密度增加的应对方法

通过利用低损耗和高耐热性的特性，预计宽禁带功率半导体器件会进一步小型化。如本章开头所述，使用宽禁带功率的一个重要理由是其超过常规半导体极限的高功率密度。那么，在宽禁带功率半导体中，发热密度或热通量（W/m^2）是否有所降低？

热通量是每单位面积通过的热量。对于半导体，其量值（W/m^2）的计算方法是通过将工作期间每小时产生的热量（J/s = W）除以发热区域的面积（m^2）。在本章开始就提到，目前大功率半导体的热通量已经超过核能发电中燃料棒表面的热通量。与传统技术相比，预计在宽禁带功率半导体器件中的电阻和产生的焦耳热都将降低，但是随着器件尺寸的减小，电流流经的面积将减小；而随着输出功率的增大，电流也将增加。因此，单位面积的发热量可能会增加[2]。

如果不涉及高温工况，而是选择与以往差不多的工作温度，那就要在有限的温差下冷却半导体。温差有限而热通量却很高，这就需要高效率的散热方法。在8.4节中将会详细介绍与热通量增大有关的课题。

表8.1中列出各种设备和设施的发热部分的热通量。虽然目前还不清楚宽禁带功率半导体的热通量将达到何种程度，但可以预期高功率且紧凑的器件将超过现有的高功率Si IGBT。

表8.1 发热部分的热通量值[3-5]

设　　备	表面热通量（发热密度）/（$1W/cm^2 = 1\times10^4 W/m^2$）
荧光灯	0.03
白炽灯	0.65
热板	2.60
熨斗	5.74
烙铁	9.48
超级计算机的MPU	16.84
核燃料棒（BWR）	46.7（平均）
同上（PWR）	59.9（平均）
Si IGBT	100以上
宽禁带半导体	100~300，甚至更高

8.3 电气和电子设备的散热技术基础

包括功率半导体在内的电气和电子设备的散热基本上都利用三种热传递现象，即热传导、对流和辐射。其中，热传导是散热机构必不可少的元素，其材料和结构会影响散热效率。固体产生的热量首先通过热传导传递到相连的组件。如式（8.1）所示，热通量越大，由热传导引起的温差越大，因此在功率半导体中，基于热传导而进行的散热设计尤为重要。

图 8.1 中的一维热传导遵守式（8.1）所示傅里叶定律

$$Q = A\lambda(T_1 - T_2)/L \tag{8.1}$$

式中，Q 为传递热量；A 为导热面积；λ 为热导率；T_1，T_2为 1、2 点的温度；L 为 1、2 点之间的长度。

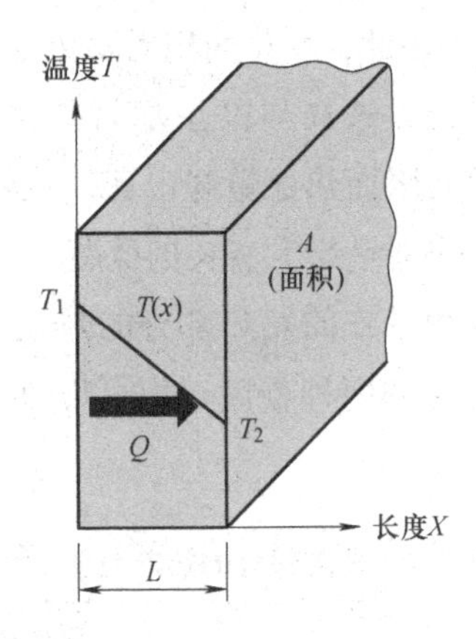

图 8.1 一维稳态热传导的模型图

热通量 Q/A，

$$Q/A = q = \lambda(T_1 - T_2)/L \tag{8.2}$$

如果将距离为 L 的两点之间的温差设为 ΔT，则有

$$\Delta T = qL/\lambda \tag{8.3}$$

$$\Delta T = Q/A \cdot L/(\lambda \cdot k) \tag{8.4}$$

也就是说

$$温度差 = \frac{热通量 \times 热传导距离}{热导率} \tag{8.5}$$

设备产生的热量一般最终都会散逸到外部空间，这个外部空间具体来说，

大部分情况下是设备周围的空气。使用气冷散热片时这一点比较容易理解，但是对于液体循环冷却，或伴随制冷剂的蒸发、冷凝等相变的汽化沸腾制冷，甚至利用压缩机的蒸汽压缩循环制冷，制冷剂从被冷却体吸取的热最终还是通过散热器或冷凝器向外部空气散逸。也就是说，在空气冷却以外的冷却法中，设备产生的热量最后也会向外部空气散失，而后者是通过对流进行的。

对流是从固体表面向气体或液体的热量传导，利用沸腾冷凝相变潜热进行的有效热量转移也涉及对流。

设备的冷却机构设计中，最重要的就是对流，这是因为从固体表面到空气的对流传热通常是散热的瓶颈。

对流传热由式（8.6）所示的牛顿冷却定律表示。

$$Q = A_s h(T_w - T_f) \tag{8.6}$$

式中，Q 为转移热量；A_s为传热面积；h 为传热系数；T_w为表面温度；T_f为流体温度。

这表明传热量与固体表面和流体之间的温度差、表面积和传热系数成比例。

考虑设备的冷却时，散热量、环境温度和设备的允许温度都设有上限，要求就是设计一种表面积和传热系数满足这些限制的散热器。

在流体是空气的情况下，由于其密度和比热小，单位风量的热容量小，所以从放热器吸收的热带来空气自身的温升较大，这一点必须要考虑到。

流体从被冷却物体吸收热量引起自身温升由式（8.7）表示。流体的流量和密度×比热越小，流体的温升越大。

$$Q = VC_p\rho(T_o - T_i) \tag{8.7}$$

式中，Q 为转移热量；V 为流量；C_p为比热；ρ 为密度；T_o为流体出口温度；T_i为流体入口温度。

在风冷的情况下，如果可以采用不要风扇的自然风冷，那么在成本和可靠性方面自然是最好的，但是由于发热量和紧凑性，其应用受到限制。当发热量大并且需要大量空气，或者由于尺寸限制表面积不够时，就需要使用强制风冷来增加传热系数和空气流量。如果散热仍不充分，则需要密度×比热和传热系数较高的液体冷却或一般认为传热系数更高的沸腾冷却。在液体冷却中，发热部分和散热部分分开，所以可以在远离发热部分的区域中散热。因为液体的密度×比热大于气体，所以循环流体的体积流量可以比较小，并且由于传热系数高，所以受热部分的表面积可以设计得小而紧凑。

表8.2列出了各种传热系数的值。

表 8.2 对流传热的传热系数值[6]

对流类型/流体	传热系数/[W/(m²·K)]
自然对流	
气体	2～25
液体	50～1000
强制对流	
气体	25～250
液体	50～20000
伴随相变的对流	
沸腾、冷凝	2500～100000

具体选择哪种冷却方法，除了被冷却设备的热状况之外，还要考虑成本、尺寸/重量、可维护性和使用寿命等。

一般来说，在温差和尺寸都有限的情况下，发热量越大，需要的传热系数就越大。从传热系数单位的量纲可以看出，它是单位温差和面积的传热量，因此可以说所需传热系数的大小是根据被冷却部分的面积、发热量以及容许的温差决定的。具体来说，在容许温差一定的情况下，随着单位面积的发热量增加，冷却能力按照自然风冷、强制风冷、强制水冷（液冷）、沸腾冷却的顺序增加。

另外，热辐射在通常电子设备的应用温度范围内十分有限，只起到辅助作用。在通过空气的自然对流进行冷却时，有时也能有效地促进热辐射，但此处不再赘述。

8.4 功率半导体散热应考虑的要求

对于功率半导体的散热，要注意的事项是：

1）热通量非常大，因为与产生的热量相比，它的面积很小；

2）要求半导体安装部位具有较高的尺寸准确度和表面性能；

3）必须确保与外部的电气绝缘。

这些都会增加散热机构设计的难度。

图 8.2 显示了功率半导体器件的典型散热机构。

半导体器件一般通过焊料与基板上面的金属层连接，该金属层被称为布线层，负责导通电流，材质为铜或表面镀镍的铝等。该上部布线层的下面是绝缘

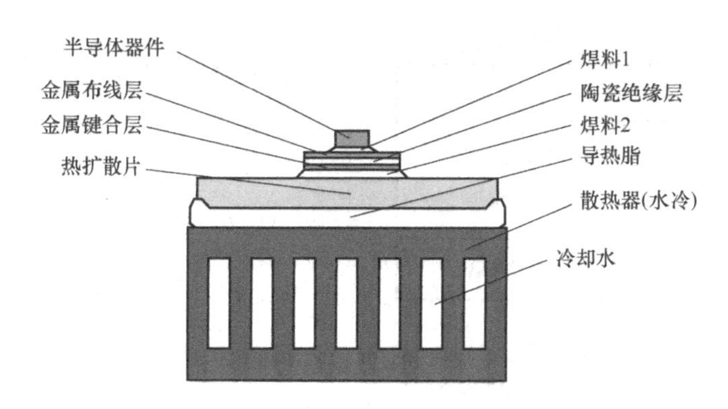

图 8.2 功率半导体的冷却机构示例

层，用于与下面的散热机构实现电气绝缘。在这个例子中用的是将陶瓷板直接与金属层键合的陶瓷绝缘基板。陶瓷的材料为热导率高的 AlN 或强度更高的 Si_3N_4，有时也使用成本低廉的 Al_2O_3，它们都直接和金属板键合。

此外，绝缘基板通过焊料与铜制热扩散片连接。热扩散片的作用是通过热传导将尺寸很小的半导体器件发出的高密度热流扩散到更大区域。其材料为具有良好导热性的铜或具有较小线膨胀系数的钨或钼与铜的组合材料等。这是为了减小与绝缘层陶瓷或其上半导体器件的热膨胀率之差，缓和变形和热应力。此外，热扩散片被传热润滑脂粘贴在散热器上。图 8.2 中显示的是水冷散热器，半导体器件产生的热量通过多层热传导结构传递到散热器，最终被冷却水带走。

1. 高热通量

半导体器件发出的热量通过热传导传递到冷却部分。如第 8.2.2 节所述，就功率半导体的冷却而言，发热区域产生的热通量是非常大的。

如式（8.5）所示，热通量越大，两点之间的距离越长，热导率越小，温度差越大，从而使热传导的热阻增加。

$$温度差=\frac{热通量\times热传导距离}{热导率}$$

在图 8.3 所示模型图中，假设热通量为 $100W/cm^2$，即 $1\times10^6 W/m^2$，并且使用厚度为 2mm 的铝，从热导率 200W/(m·K) 和导热距离 0.002m，得到两点之间的温差为 $\Delta T=10℃$。如果用安装散热器时使用的导热脂［热导率 =2W/(m·K)］来传导热量，那么即使厚度仅为 0.1mm，导热温差也将高达 50℃。换句话说，在热通量很大的情况下，使用从前的材料和结构，温差会很大，可能无法进行有效的散热。

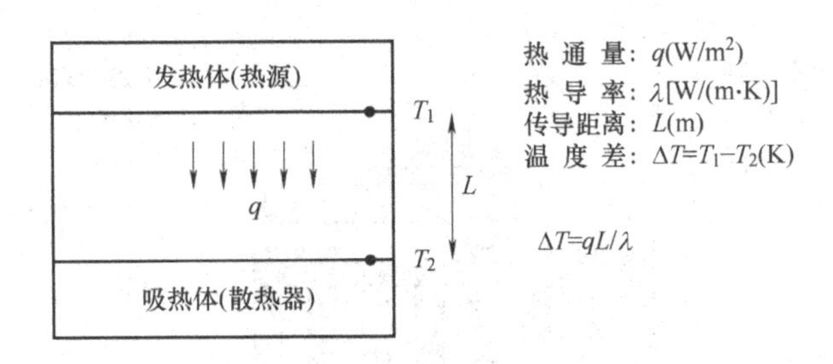

图 8.3　从发热体到吸热体的一维热传导模型

2. 安装区域尺寸准确度和表面状况

功率半导体必须安装在基板上（引线键合或芯片贴装），对待安装的基板表面具有很高的质量要求。为了精密键合半导体器件，需要很高的尺寸准确度、表面性能和清洁度。使用焊料时，为了防止空隙和键合界面处出现剥离，还必须获得适当的表面状态以确保焊料的浸润。此外，在线膨胀系数不同的材料的组合结构中，由于封装过程中的加热，可能会发生变形或表面状态变化。在某些情况下，可能有必要在工艺、材料和结构方面采取措施，以应对加热引起的尺寸和表面状况的变化。

3. 电气绝缘

功率半导体中电流较大，需要使用不导电的绝缘材料与外部绝缘。在具有自由电子的金属中，导电和热传导都由自由电子承担，所以导电与导热性都很好。因此，用作导电材料的铜和铝也适合作为传热材料。另一方面，绝缘材料的热导率一般都比金属低。广泛用作电气绝缘材料的树脂材料的热导率只有金属的 1/100 左右，因此也被用作热绝缘材料（绝热材料）。陶瓷类绝缘材料的热导率比树脂高，但 AlN 的热导率也只有铜的 1/2 左右。

无论如何，安装功率半导体器件的基板，是绝缘材料和导电材料的混合结构。将半导体器件和其键合材料等多种不同材料组合在一起，通常形成多层结构。这些线膨胀率不同的材料的组合产生了很大的问题。因为温度变化而产生热变形、热应力，所以需要找到对策。

8.5　下一代功率半导体的散热理念

在功率半导体的冷却中需要考虑的三个要求是相互影响的。高热通量导致了较大的温差，特别是对热导率相对较小的绝缘材料来说更为显著。大的温差扩大了热变形引起的尺寸变化。为了绝缘而采取的不同材料的组合增加了由于线膨胀率差异而引起的变形和热应力。另外，还需要补充一点，就是工作温度越高，热变形和热应力的问题就越难解决。

为了满足下一代宽禁带半导体的“高温工作”和“高热通量”特性，必须解决重要问题。特别是高温工作，只要没有开发出安装半导体的基板、键合材料和密封材料所需的耐热性材料，就很难马上实现。为了对应另一个“高热通量”问题，需要更先进的散热方法来从较小的区域中吸走更多的热量。如果先进的散热方法可以在较小的温差下移走更多的热量，也就是说，如果能够实现目前的工作温度水平，那不是接近宽禁带半导体的实用化吗?

如果工作温度降低，则温差引起的热变形和热应力也会变小，对器件的可靠性有利，并且，材料的耐久性和安全性的问题也更容易解决。

也就是说，在目前的情况下，通过改进散热方法，即使在高热通量条件下，也可以实现与现在差不多的工作温度条件，这对于下一代功率半导体的应用应该是比较现实的。

将来开发出优良的耐热材料以及热导率和线膨胀率优越的材料，解决热应力和热应变的问题之后，就能够实现高温工作。那时的温差更大，因此散热应该更容易。换言之，如果能够开发出在当前工作温度下使用宽禁带半导体的高效散热技术，就可以促进宽禁带半导体的实际应用。

8.6 有望应用于宽禁带半导体的散热技术

下面将介绍高热通量条件下有效散热方法的具体示例。

8.6.1 导热路径的进步：直冷式冷却器

在图8.2所示的示例中，功率半导体产生的热量通过附着的基板最终散发到冷却水中。热量通过热传导从半导体的背面传递到水冷散热器的散热表面。热传导路径本身的温度下降越小越好，因为这有助于发热器件的降温。因此，应选用热导率高的材料作为构成材料。

这里的问题是绝缘基板/热扩散片和散热器之间的导热脂。尽管很薄，但其热导率约为金属的1/100，因此此处的热阻很大。具体而言，有报道说它要占从器件到冷却水的温度差的约30%[8]。所以，如果能去掉这层导热脂，将冷却器和基板直接连接在一起，则可以大大提高性能，这里介绍作为汽车用逆变器冷却器开发的直冷式冷却器。

1. 直冷式冷却器的挑战

图8.4比较了已开发的直冷式冷却器和传统产品的结构。省去了由铜/钼制成的缓和应力的热扩散片和下方的导热脂，将AlN绝缘基板通过铝缓冲层直接钎焊到散热器上。此外，散热器由铝压铸制成，精致紧凑。这简化了从半导体器件到冷却水的热传导路径，并改善了向下到冷却水的热传递，可以说是从安装有半导体的基板直接通到冷却水。但是这种结构也引起了问题，不同材料的组合在温度变化时会产生热应力和形状变化。

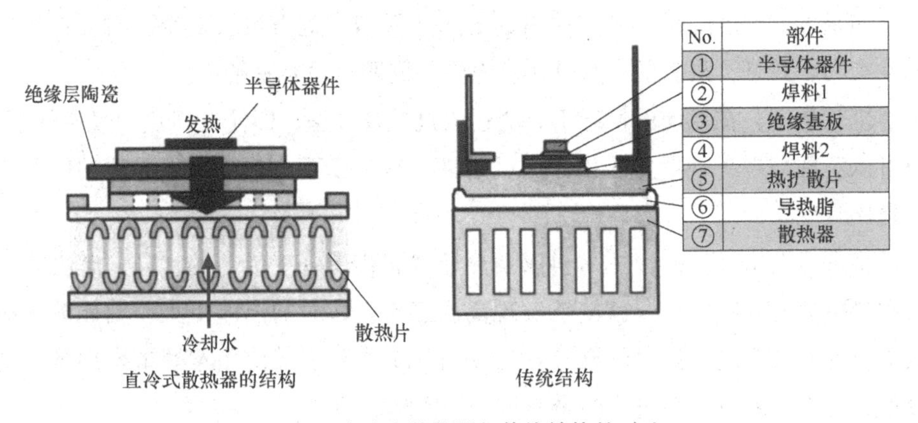

图8.4　直冷式散热器与传统结构的对比

2. 热应力的解决方法

图8.5说明了由异种材料直接键合引起的热应力机理。用于绝缘的AlN的线膨胀系数是4.6×10^{-6}/K，而铝的线膨胀系数大约是其5倍，为23.4×10^{-6}/K。由于线性膨胀系数的这种差异，当温度波动时，在陶瓷和铝之间的界面处就会产生应力。用作汽车部件时，由于环境和驾驶条件的原因，温度总是波动，因此必须解决热应力问题。例如，逆变器工作时功率半导体发热且冷却器温度升高，陶瓷的热膨胀小于铝，界面附近的铝由于压缩应力而被压缩。当逆变器停止工作半导体器件不再发热并且温度下降时，陶瓷的收缩小于铝，界面附近的铝又由于拉伸应力而变形。由于高低温之间的这种温度波动，陶瓷和铝之间的界面反复受到压缩力和拉伸力的作用。压缩应变和拉伸应变的幅度可能会导致界面剥离。一旦发生剥离，就会发生导热受阻，冷却性能

降低，半导体器件的可靠性受损。为了解决这个问题，采取了在陶瓷和铝之间夹入开孔的软质铝板（冲孔金属）作为缓冲材料的方法。开孔减少了键合面积并减小了应力，但是孔的部分缺失铝成为空隙，阻碍了热传导。增加非键合部分的比例减小了由于冷热引起的应变幅度并抑制了剥离，但同时却增加了热传导阻力，这是一个折中，此关系如图 8.6 所示。在开发的冷却器中，可以根据半导体器件的布局和孔的图案找到最佳的开孔率，兼顾热性能和可靠性。

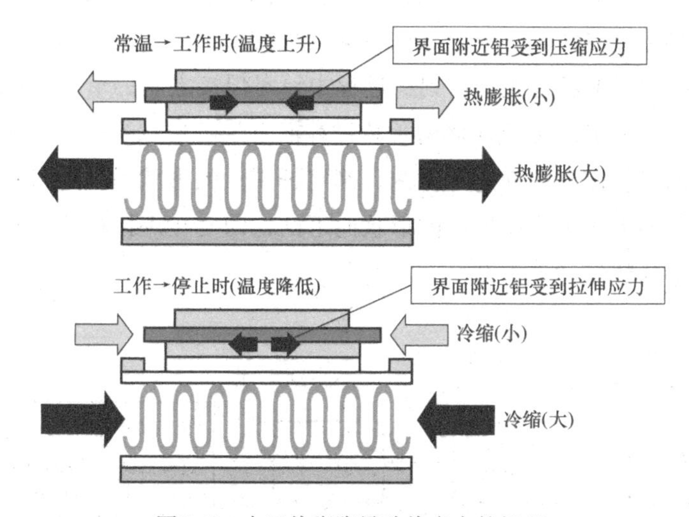

图 8.5　由于热膨胀导致热应力的机理

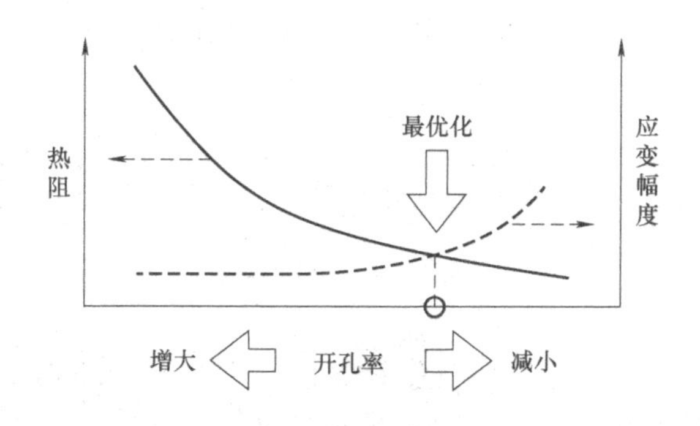

图 8.6　应力缓冲材料的最优化

3. 形状变化的解决方法

图 8.7 显示了该冷却器制造和半导体器件封装的热过程。首先将多个铝制

零件组装在一起并用夹具固定，通过真空钎焊将它们结合在一起。之后，焊接半导体器件，并继续下一个组装工序。该组装过程需要附接多个电子部件，因此需要高形状准确度。所以，必须在加热过程中采取措施防止散热基板变形。不同材料的多层结构经历受热时，铝和陶瓷之间的线性膨胀系数差异会导致两者之间的伸缩差异并发生变形。第一段受热过程是钎焊工序。在室温下将零件放置固定后，在真空钎焊炉中加热到约 600℃。钎料被加热熔化，将铝和陶瓷接头接合成一体。在此后的冷却过程中，铝的收缩程度大于陶瓷，造成冷却器弯曲。焊接工序是下一段受热过程，其中铝也会变形，无法恢复加热之前的形状。在组装半导体器件的必要工序中也会发生变形。为了解决这个问题，考虑到由于受热引起的形状变化，在制造过程中针对焊接之后的形状采取了“预校正”措施。图 8.8 显示了冷却器由于热过程而发生的形状变化。为了通过预校正将焊接后的形状控制在规定范围内，确定钎焊后的形状后，通过钎焊夹具来控制该形状。如图所示，钎焊后的形状向下凸，即使在焊接过程中形状发生变化，平面度等的数值还是落在允许范围内。

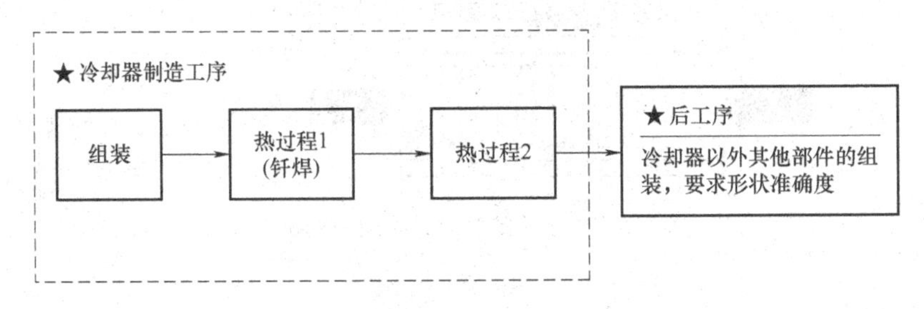

图 8.7　直冷式冷却器的热过程

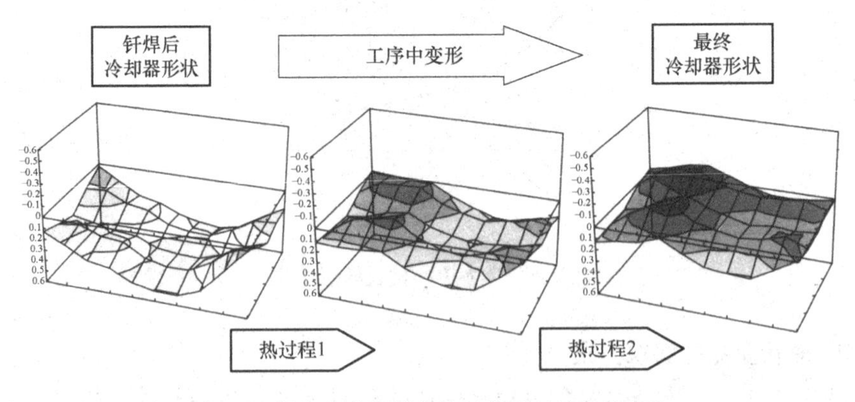

图 8.8　直冷式冷却器的热过程引起的形状变化

8.6.2 散热结构的进步：双面散热模型

迄今为止所述的冷却方法基本上都只是考虑从半导体的一面散热。半导体器件的另一面布置的是承载电流的引线、条带或引线框，几乎无法散热。如果从这一面也能够进行冷却，那么传热面积就能加倍，热通量可以降低到大约一半。

下面介绍用于车载逆变器的模块开发示例。

1. 双面冷却电源模块的结构

双面冷却电源模块的结构如图8.9所示。

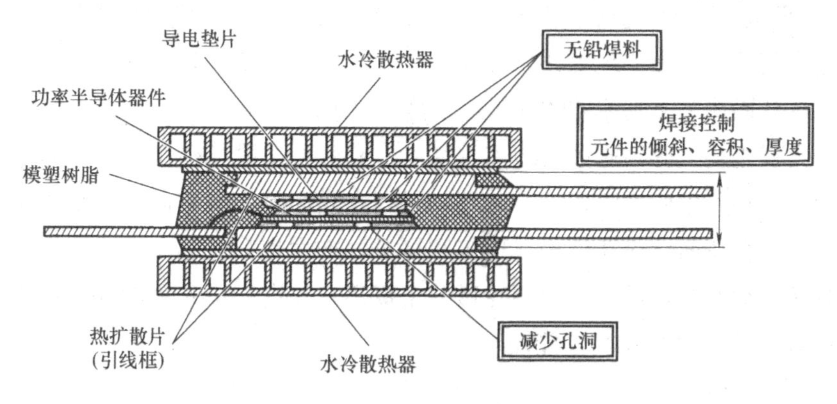

图8.9 双面冷却电源模块的结构

半导体器件的下表面直接焊接铜制热扩散片，上表面经由导电垫片焊接热扩散片。热扩散片实为与端子集成在一起的分为上下两部分的引线框，既导电又导热。以往只是底面传热，而这种结构使得上表面也以几乎相同的方式传热，热通量几乎减半。

2. 双面冷却器的问题和对策

在双面冷却型功率模块中，冷却器自然是布置在模块的上、下两个表面上。当使用多个模块时，则以叠层结构安装。在多个单元对齐的状态下，叠层冷却器被夹在中间，因此模块的上、下表面的尺寸准确度和平行度就显得尤为重要。如图8.9所示，模块结构中，为使下部热扩散片、半导体器件、导电垫片和上部热扩散片都通过焊接连接在一起，必须精确控制焊料的厚度并消除空洞，因此需要恰当填充焊料。

为了解决这个问题，开发了一种具有高球形度的镍球，并且将其散布在作为焊料的预制材料中，以此将焊料层的厚度控制在预定范围内。此外，还可以通过在焊接过程中控制系统压力来减少空洞，也就是说在焊料熔化之前降压，在低压下熔化焊料，然后恢复压力以通过压差压缩空洞。

利用这些措施，实现了高可靠性的双面冷却模块。

8.6.3 热传导的进步：液体冷却用高性能翅片

前面描述了从半导体器件到外部的散热器的热传导路径在性能上的改善，但是这些运送到散热器的热量最后是被流经外部的流体带走而实现冷却的。在上述两个功率半导体的冷却方法示例中，使用了冷却水（更确切地说是水基冷却剂），即液体冷却剂。这是因为在功率半导体中，产生的热量总量和热通量很大，适合使用比热和传热系数高的液体强制对流（见表 8.2）。在这种液体冷却中，改善从固体表面到流体的热传递也是有效手段。

为了促进从表面到流体的传热，基本上有两种手段。扩大表面积即传热面积，以及增加每单位表面积的传热移动量。在表面积扩大方面，广泛使用所谓翅片来扩大传热面。翅片结构在成本和可靠性方面也很优越，广泛应用于换热器。这里，对有效促进传热的翅片做一个概述，并进一步介绍能够处理更高热通量的液冷（水冷）用高性能翅片。

1. 平直形翅片

所谓平直形翅片是沿着流体流动方向平行布置的矩形翅片，广泛用于风冷散热器，其形状如图 8.10 和图 8.11 所示。

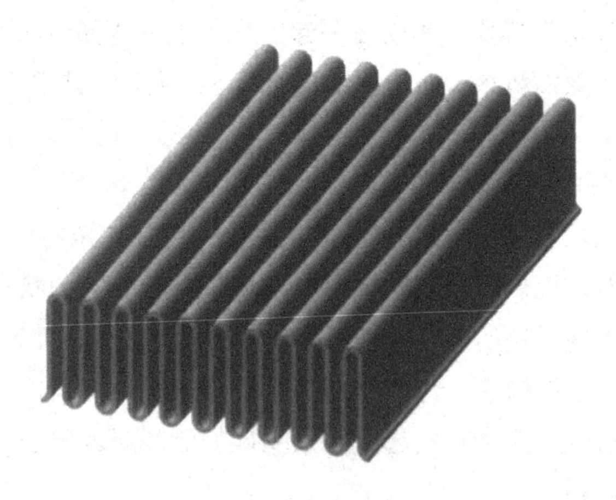

图 8.10　平直形翅片（弯板式）

图8.11 平直形翅片（挤出成型）

与其他类型翅片相比，平直形翅片不会干扰流体流动，因此压力损失较小。一般认为翅片越高间距越小，传热面积就越大，热阻越小。但是应当注意，根据使用条件的不同，存在一个最佳值，特别是在气冷的情况下，由于空气的比热较小，散热会使空气本身的温度上升，因此需要特别注意。例如，减少翅片间距并增加翅片数量，则传热面积增加，但是流阻也增加。如果由此导致风量减少，则空气出口处的温度可能会升高，热阻增加。此外，从翅片的根部开始的热传导，越往翅尖温度越低。考虑到这一影响，可由翅片效率来定量表达翅片表面积对于散热的有效程度。

翅片的高度越高，壁厚越薄以及向流体的传热系数越高，其翅片效率就越低。在液冷的情况下，由于传热系数高，翅片效率明显降低。因此，和气冷的情况相比，增加翅片壁厚的效果往往更显著。表8.3是一个风冷和水翅片效率的比较示例。可以看出，在水冷情况下，尽管传热系数很高，但是翅片效率显著降低。为了提高液冷的翅片效率，必须增加翅片的壁厚，使更多的热量传递到翅片的尖端。

具有矩形横截面的平直形翅片的翅片效率为

$$\eta_f = \tanh(m \cdot L_c)/(m \cdot L_c) \tag{8.8}$$

式中

$$m = [2h/(\lambda \cdot t)]^{1/2} \tag{8.9}$$

$$L_c = L + (t/2) \tag{8.10}$$

式中，η_f为翅片效率；h 为传热系数；λ 为翅片热导率；L 为翅片高度；t 为翅片壁厚。

表 8.3 气冷与液冷的传热系数以及平直形翅片的翅片效率

流　体	传热系数/[W/(m·K)]	翅片效率
空气	70	0.96
水	7600	0.26

翅片形状：高度 10mm，间距 2mm，壁厚 0.5mm，温度 50℃，流速 1m/s，数值模拟结果。

至于平直形翅片的制造，可以将每个翅片嵌到基板上，或者用焊接或钎焊的方法，但是通常采用弯曲大块板材（见图 8.10）并将其连接到基板上的方法。铝制品则广泛采用挤出成型法加工（见图 8.11）。

一般来说，平直形翅片可以有效增加传热面积，压力损失也比较少，因为制造简单，所以成本比较低。可以对尺寸、形状、材料等进行优化，尽量应用于液冷散热器。

平直形翅片可以简单有效地扩大传热面积，但是在一定温差下，从一定区域传导出的热量有限，其中一个原因是在翅片表面和流体之间的界面处逐渐发展的边界层成为阻碍。

为了防止该边界层的发展，进一步促进传热，可以使用以下形状。

2. 波纹形翅片

波纹形翅片不改变平直形翅片各个翅片之间的间隔，但在流动方向上使其呈波纹形状，其形状如图 8.12 所示。可以预料，波浪状的流体流动将干扰边界层的发展并改善传热系数。另外，与平直形翅片相比，还增加了每单位基板的表面积。其制造方法有瓦楞形板材加工或铸造。

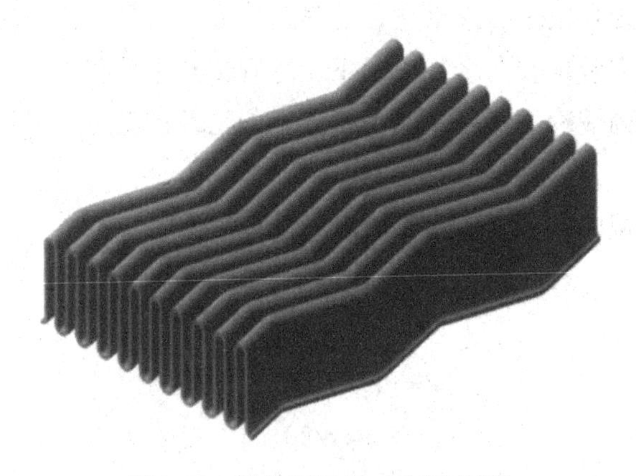

图 8.12 波纹形翅片（冲压成型）

3. 锯齿形（断续形）

为了有效防止边界层的发展，需要打破翅片沿流动方向的连续性。其形状为如图8.13所示的锯齿形翅片。由于翅片的间断，各个翅片单元处流体的边界层变薄，从而促进了热传递。

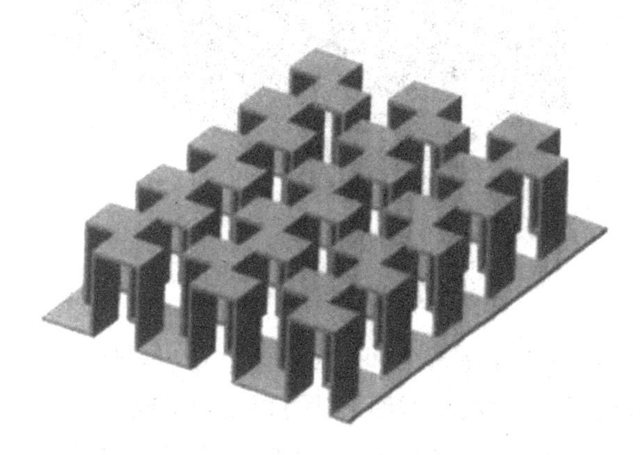

图8.13 锯齿形翅片（冲压成型）

4. 钉形翅片

钉形翅片的形状如图8.14和图8.15所示，可以看成是锯齿形翅片的极端形式。由于流体与每个翅片的前表面碰撞，因此边界层的展开很小。如果仅考虑翅片根部到尖端的热传导，那么很容易选定这个形状，因为它尤其有利于翅片效率显著降低的液体冷却，但需要注意的是这种形状设计对流体的阻力也显著增加了。

图8.14 钉形翅片（圆形钉）

图 8.15　钉形翅片（菱形钉）

制造钉形翅片的方法包括铸造和锻造。另外还可以使用诸如切割和在基板中嵌入各个钉脚的方法。钉的横截面形状可以是圆形或菱形[8]。

近年来，钉形翅片液冷已被视为更高功率的功率半导体模块的冷却方法[12-14]。

图 8.16 和图 8.17 分别显示了通过锻造和切削铝而制成的钉形翅片。

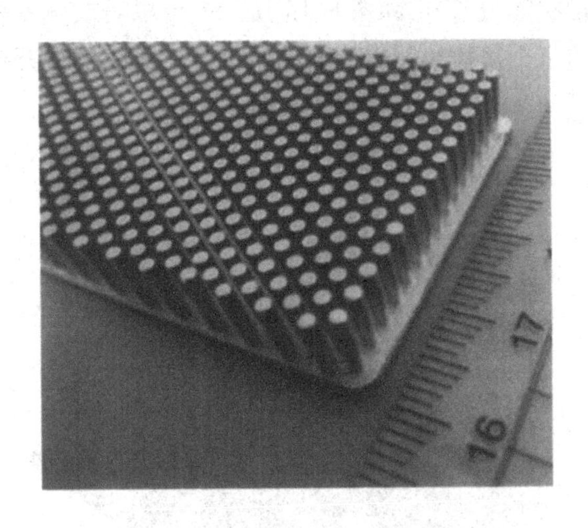

图 8.16　锻制（铝）钉形翅片

5. 各种翅片的性能比较

图 8.18 和 8.19 分别显示了 1. ~4. 中介绍的各种液冷散热片的传热性能和压力损失的比较。任何翅片的性能都取决于其大小和几何布置，因此很难进行

图 8.17 切削（铝）钉形翅片

简单的比较。这里是用铝作为翅片材料，翅片高度为 10mm，翅片间距为 1mm，冷却液为水。作为热性能的指标，图中比较显示的是传热系数、总表面积和散热效率（$hA_s n_f$）的乘积，也就是所谓热传递率[㊀]（热阻的倒数），该值越高越好。压力损失也是相对值，该值越低则流体的阻力越小，这是一个优点。

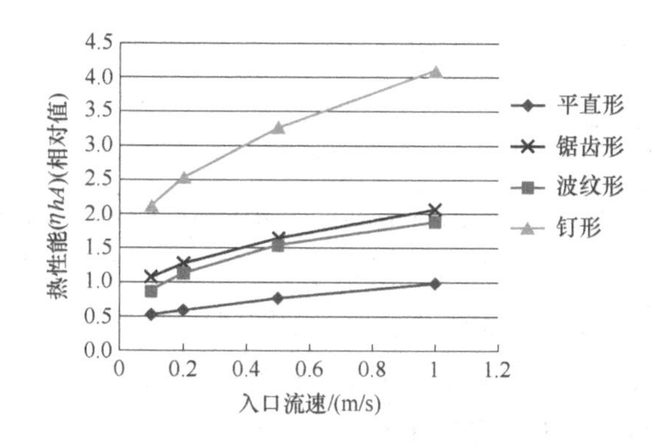

图 8.18 各种翅片的热性能比较（模拟结果）

从图中可以清楚地看到，钉形翅片的热传递率[㊁]和压力损失最高。此外，

㊀ 原文 thermal conductance，是一个和材料、几何设计和工作条件都有关的系统参数，此处译为热传递率，以和热导率、传热系数等概念有所区别。——译者注

㊁ 此处原文误为传热系数。——译者注

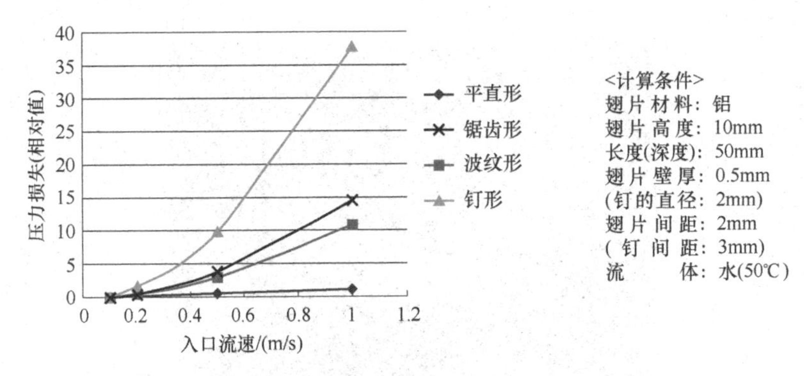

图 8.19　各种翅片的压力损失比较（模拟结果）

钉形翅片的特征还在于，即使在流速相对较低的区域中，其热传递率[㊀]也高于其他翅片的传热系数。因此，在限定温差的情况下，如果不惜增加压力损失也要提高冷却能力，那么就需要使用钉形翅片。在这种情况下，比起不必要地增加泵的能力，在流路上下功夫来减少出入口处产生的压力损失，或者降低流速是更好的手段。

8.7 导热界面材料

8.7.1 导热界面材料的概念

这里再介绍一下导热界面材料（Thermal Interface Material，TIM）。TIM 是散热材料的一种，用来与发热部件及散热部件紧密贴合，高效地向散热部件传递热量。TIM 的具体例子有散热材料（橡胶、胶结、黏结剂）、相变材料、散热脂、散热黏结剂、间隙填料等、以及散热填料高填充树脂复合产品。

TIM 的热导率比金属低很多，即使厚度很小，热阻也很大。为了改善热传导，在 8.6.1 节中介绍了没有 TIM 的结构。但是，散热片使用 TIM 的优势在于之后的更换比较容易，方便应用于各种设备。

8.7.2 下一代半导体的导热界面材料

如果宽禁带半导体能够实现高温工况，则可能为 TIM 在冷却机构中的应用

㊀ 此处原文误为传热系数。——译者注

带来机会。高温工作时被冷却体和周围的温差会增大，热阻也会略有增加，也就是说，可以容忍 TIM 带来的一些热阻。

然而，在据称高达 200 ~ 250℃的工作温度下，对 TIM 在该温度下的耐久性也提出了要求。必须经常在这样的温度下长期保持导热性能和贴合质量等。

8.7.3 TIM 所需的特性和问题

图 8.20 显示了绝缘散热黏结剂材料用作 TIM 的示例，该方式也用于冷却现有的功率设备。在这种情况下，对绝缘散热黏结剂材料的特性要求是：①高散热；②绝缘；③贴合性；④耐热；⑤耐热循环。

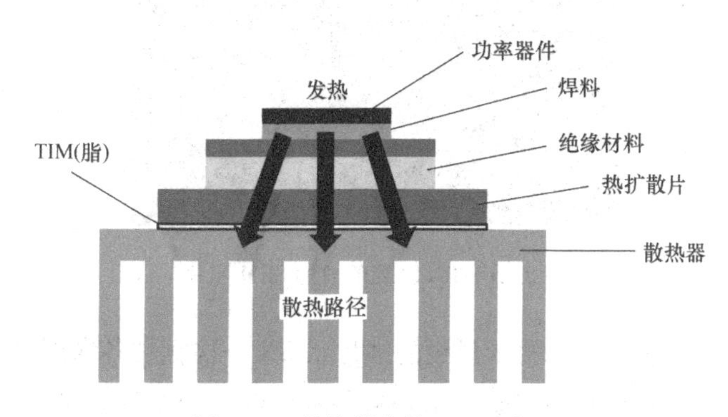

图 8.20 散热器中的 TIM（脂）

由于热导率会随着温度的升高而降低，所以要在 200 ~ 250℃下将热量有效地释放到散热器等散热部件上，热导率越高越好。以这样的绝缘散热黏结剂材料为目标，报告了组合有介晶骨架的环氧树脂和散热填料的高导热绝缘膜，热导率高达 10 ~ 15W/(m · K)[14,15]。具有介晶结构的环氧树脂很容易在基体树脂矩阵中形成自排列的液晶性的高阶结构。这种高阶结构提高了担负热传导的声子的传导能力[16]。然而，具有介晶结构的环氧树脂的耐热性指标，即玻璃化转变温度为 175 ~ 200℃，不足以作为 TIM 用于 200 ~ 250℃工况的 SiC 和 GaN 器件。另一方面，已经提出了几个可用作下一代功率器件封装材料的耐热树脂。例如，已经提出并正在研究玻璃化转变温度超过 300℃的苯并噁嗪改性双马来酰亚胺树脂和高耐热氰酸酯树脂[17]。但是，这些树脂的固化物具有刚性结构，还没有见到能用作 TIM 的例子，因为后者必须具有柔软性。但是如果出现能够改善其柔软性并确保高热导率的填料体系的话，那么就会更接近实用化。

8.7.4 高热导率填料系统

在 TIM 中，为了改善厚度方向的热导率而研究了各种填料，特别是近年来深入研究的氮化硼（BN）团聚颗粒[18,19]。图 8.21 所示为 BN 团聚颗粒的 SEM 照片。

图 8.21 BN 团聚颗粒的 SEM 照片

BN 团聚颗粒是长度为微米量级的鳞片状 BN 一次颗粒各向同性地聚集而成的二次颗粒。BN 一次颗粒的面方向的热导率为 60～80W/(m·K)，在厚度方向的热导率只有面方向的 1/20 左右，但是如果将一次颗粒各向同性凝集的 BN 团聚颗粒与树脂复合，就能够得到在面内和厚度方向热导率接近的各向同性的 TIM。然而，当 BN 团聚颗粒与树脂配合时，黏度会上升[20]，要获得 10W/(m·K) 以上的高热导率，就需要高填充比，这时很难做到没有空隙（空洞）。

因此，建立了一个填料体系，通过组合 BN 团聚颗粒和破坏强度大的散热填料，实现高填充和低空隙率，厚度方向热导率可达 10～30W/(m·K)[21]。在该填料体系中，如图 8.22 所示，通过施加压力使 BN 团聚颗粒变形破碎，使得破坏强度大的散热填料和 BN 填料发生表面接触，形成有效的热传导路径。BN 团聚颗粒的压缩破坏强度为 2～10MPa，相比之下，作为代表的抗压缩破坏填料，Al_2O_3 的压缩破坏强度约为 350MPa，AlN 约为 280MPa，都远大于 BN 团聚颗粒，因此只有后者变形、破坏。另外，由于 BN 团聚颗粒的含量少，所以固化物的空隙也不多。使用本填料体系试制绝缘散热黏合剂的结果见表 8.4。由于该填料体系能够任意选择树脂，所以如果选择具有高耐热性和柔韧性的树脂，则可以用于 SiC、GaN 器件的 TIM，有望为下一代器件的实用化做出贡献。

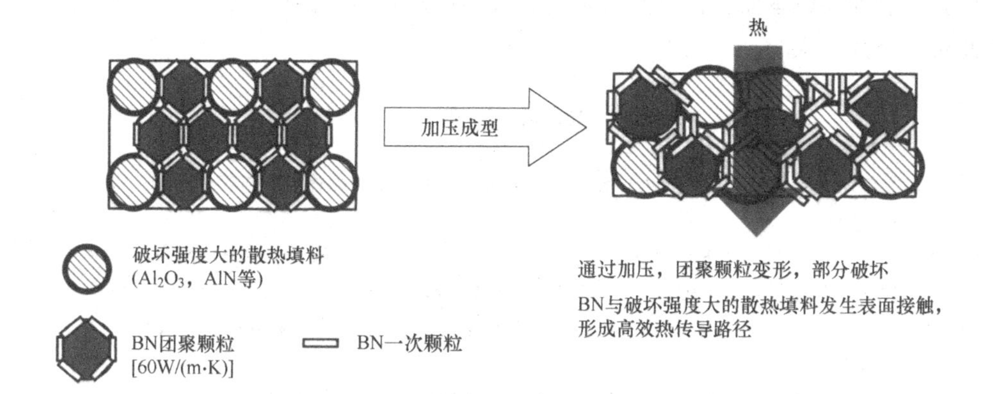

图 8.22　通过加压成型形成导热路径

表 8.4　绝缘散热材料试制品的特性值

项　目	单　位	特 性 值	试验条件
热导率	W/(m·K)	20～22	激光闪光法，厚度方向，膜厚 200μm
介电击穿电压	kV	>7	膜厚 200μm
体电阻	Ω·cm	4.3×10^{15}	JIS K6911
黏合强度：铜箔	kN/m	0.7	90°剥离
耐热性：T_g	℃	210～220	TMA 法
耐湿可靠性	热导率，介电击穿电压不变		85℃×RH85（%），1000hr

8.8　实现高温工况

如 8.1 节所述，要实现高温工况，开发可在高温下使用的材料至关重要。另外，高温工况也扩大了冷热循环的温度范围，因此需要应对不同种类的构成材料之间的热应力/应变。另一方面，毫无疑问，除了耐热性，还需要导热性、线膨胀系数和杨氏模量高于传统材料的材料。如果热导率高，那么因为热阻减小，冷却效率提高，温度差减小，这也有利于减小热应力。如果该材料的线膨胀系数能够减小半导体器件与衬底材料之间的热应力则更好。近年来，为了满足这些需求，已经提出了具有高热导率并且线膨胀系数小于金属的材料。期望能针对其在冷却器中的应用开展更多的开发工作。

将来，如果市场上出现耐热性、导热性和线性膨胀系数优异的材料，可以用于功率半导体和冷却结构，宽禁带半导体就能够实现其本来的高温工作特性。

但就可靠性和成本而言，仍然需要更有效的冷却技术。因此，今后有必要进一步提高冷却技术。

参 考 文 献

[1] 応用物理学会：応用物理分野のアカデミック・ロードマップの作成報告書：2008年3月28日
[2] 餅川宏「パワーエレクトロニクスを支えるデバイスの進化と実装・回路・製品適用技術の発展」東芝レビュー　Vol. 69, No. 4　pp. 3（2014）
[3] 国峰尚樹：「エレクトロニクスのための熱設計完全入門」, 日刊工業新聞社, pp. 10,（1997）
[4] 大島耕一, 松下正, 小林康徳, 根岸完二, 小木曽健：「熱設計ハンドブック」朝倉書店, pp. 618, 621
[5] 鈴木康一：「気泡微細化沸騰を用いる高発熱密度機器の高熱流束冷却技術」JST（独)科学技術振興機構　東京理科大学新技術説明会資料（2010）pp. 4, 5
[6] Frank P. Incropera, David P. DeWitt: Fundamentals of Heat and Mass Transfer, p. 8, John Wiley & Sons. Ink., New York（1996）
[7] 森昌吾　藤敬司　柳本茂　古川裕一：「新型プリウスに搭載されたアルミニウム製パワー半導体用冷却器の開発」, 軽金属学会　第61巻第3号, pp. 119-124（2011）
[8] 日達貴久　郷原広道　長畦文男：「車載用直接水冷 IGBT モジュール」富士時報　Vol. 84, No. 5, pp. 308-312（2011）
[9] 岡本幸司　瀬高庸介　石山弘　稲垣充晴　真光邦明「ハイブリッド車用パワーコントロールユニットの開発」, デンソーテクニカルレビュー　Vol. 16　pp. 23-29（2011）
[10] 坂本善次「両面放熱モジュール「パワーカード」の実装技術」デンソーテクニカルレビュー　Vol. 16 pp. 46-56（2011）
[11] David 渡部 Copeland, 古川裕一「フィン型ヒートシンクの最適化」熱対策シンポジウム講演資料（2001）
[12] 吉松直樹　石松祐介　碓井修　井本裕児：「自動車用パワー半導体モジュール"J1 シリーズ"のパッケージ技術」三菱電機技報　pp. 317　2014年5月号
[13] 木村隆志　齋藤隆一　久保謙二　中津欣也　石川秀明　佐々木要：「ハイブリッド電気自動車向け高電力密度インバータ」日立評論　Vol. 95, No. 11　pp. 752-757（2013）
[14] 稲田禎之　日立化成テクニカルレポート　No. 54　p6-12（2011）
[15] 竹澤由高　日立化成テクニカルレポート　No. 53　p5-10（2009-10）
[16] 宮崎靖夫　et. al, ネットワークポリマー　Vol. 29　p216-221（2008）
[17] 次世代パワーエレクトロニクスプロジェクト研究概要集　p41～50（平成23年）財団法人　神奈川科学技術アカデミー

[18] 公開特許公報　特開2011-40788号
[19] 公開特許公報　特開2009-35484号
[20] 公開特許公報　特表2010-505729号
[21] 国際公開特許公報　WO2013／145961号
[22] 上野敏之　佐藤公紀　巻野勇喜雄　遠藤守信：「傾斜組成カーボンナノファイバ／アルミニウム複合材料による熱膨張緩和」第18回傾斜機能材料シンポジウム<PGM2006>講演要旨集　pp. 66（2006）

第 9 章

可靠性评估/检查技术

9.1 功率半导体可靠性试验

就功率半导体的可靠性评估而言，通用的半导体评估试验标准也是适用的，但也有一些试验项目是功率半导体特有的。在功率半导体中，抗热负荷可靠性评估比普通半导体更为重要。对于使用 SiC 或 GaN 的器件，需要对 250～300℃的高温环境和热冲击具有高耐久性的芯片贴装技术。特别是对于功率半导体，除了对半导体芯片本身之外，在封装后的安装状态下以及装有散热板的模块状态下等接近实用的状态下的可靠性评估试验也很重要。参考标准为日本电子和信息技术工业协会（JEITA）定义的试验标准（ED 4701）。该标准于 2013 年增加了功率循环试验项目（ED 4701/600）。表 9.1 列出了 JEITA-ED 4701 中规定的主要环境试验项目。

表 9.1　JEITA-ED 4701 规定的主要环境试验项目（2014 年 8 月）

大 分 类	试 验 项 目	试 验 方 法	试 验 类 型
寿命试验	高温工作寿命	101A	耐久性
	高温高湿反偏	102A	耐久性
	高温高湿存储	103A	环境
	温度循环（气相）	105A	环境
	间歇工作	106A	耐久性
	高温存储	201A	环境
	低温存储	202A	环境
	盐雾	204A	环境
	热冲击（液相）	307B	环境

（续）

大 分 类	试 验 项 目	试 验 方 法	试 验 类 型
强度试验	减压	504A	耐久性
其他试验	功率循环（树脂密封类）	601	耐久性
个别半导体特有试验	功率循环（短时间）	602	耐久性
	功率循环（长时间）	603	耐久性

9.2 典型环境试验

试验的目的是通过施加温度/湿度环境应力和电应力来进行初始性能评估。

9.2.1 存储试验（高温低温）

这是器件在存储环境中的可靠性评估。在高温下，假定由于金属合金和树脂的退化以及由金属间化合物的生长而导致可靠性降低，使用器件的最大额定存储温度。测试时间通常为1000h，如有必要，则可设定中间测量。此外，在低温下很少观察到变化，因此除非有特殊目的，一般不进行低温试验。温度条件一般为：额定存储温度，时间1000h。

9.2.2 存储试验（高温高湿）

这是用于评估耐湿性的加速试验。主要目的是评估由于器件金属布线腐蚀而导致的失效。试验条件有40℃/90% RH，60℃/90% RH，85℃/85% RH 等。为了加速，还可以进行不饱和蒸汽加压试验。试验时间取决于具体条件，但通常为1000h。与高低温存储试验相似，如果需要，则可以进行中间测量，但在湿度试验的情况下，必须考虑由于从试验槽中取出而引起的水分蒸发之类的影响。用于存储试验的设备示例如图9.1和图9.2所示。

9.2.3 温度循环试验

由于工作环境的变化和通电发热而使得器件键合部受到热应力，该试验旨在评估对这种热胀冷缩的抵抗力和耐久性。尤其是焊接处等不同材料的结合可靠性是重要的试验项目。根据应力的大小，可分出一类称为热冲击试验。通常将空气中（气相）实现的温度循环归为温度循环，而将利用液体（液相）实现

图 9.1　恒温恒湿器（适合模块、成品）

图 9.2　小型环境试验设备（适合器件）

的温度循环归为热冲击。在某些气相情况下，如果温度变化很快，则也被归为热冲击，温度条件因器件而异，对于分立器件，低温通常设为 -55℃ 或 -40℃，高温通常为 85℃、125℃、150℃ 等。但对于 SiC 或 GaN 器件，需要能够长期耐受 250～300℃ 的高温的芯片贴装技术。常规的温度循环试验设备温度都在 200℃ 以下，但是现在有一种专用设备可以实现高达 300℃ 的温度循环试验。在温度循环试验中，尤其是在温度上升时，器件温度必须达到指定的允许范围内，因为这关系到试验结果。因此，除了设备性能之外，还需要根据试验器件数量选择合适容量的槽。此外，还在试验中连续测量接头电阻变化来进行接头评估，这种测量系统的一个例子如图 9.3 所示。

液相热冲击试验取决于器件的类型和应用，其适用范围有限，但对车载等

图 9.3　导体电阻评估装置（左）和温度循环测试装置（右）

实际使用环境和温度循环加速试验等，灵活应用的例子也不少见。这种机构将低温槽和高温槽中的不活泼液体控制在设定温度，自动将器件迅速在两个槽之间移动，使之经受急剧的温度变化。可设定温度转换时间为 10s，保持时间约为 5min 的短时间试验。

图 9.4 和图 9.5 显示了热冲击试验设备的内部机构和外观。

图 9.4　热冲击试验装置外观

9.2.4　高温工作寿命试验（高温反偏试验）

这是结合温度和电压应力的耐久性试验。试验方法包括高温工作寿命、高温反向偏置和高温偏置，功率器件适用的是高温反偏试验。在高温环境下，

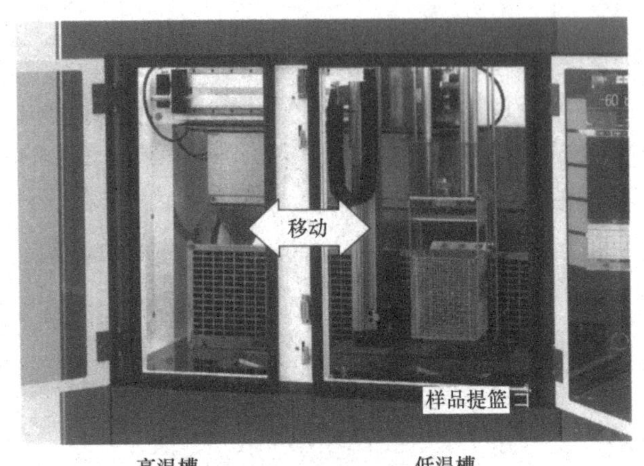

图 9.5　热冲击试验的试验区域

C-E极之间应施加最大额定直流反向电压。就试验装置而言，SiC 等高温、高压器件对应的试验条件可以是温度为 250 ~ 300℃、反向偏压为 2000V 等，可通过测量试验中的漏电流来评估介电击穿性质。在高偏压试验中，对人体设备采取安全措施也很重要，特别是通过使用多路联锁装置。图 9.6 显示了高温反偏试验中使用的特殊耐热插座的示例。

图 9.6　高温反偏试验中使用的特殊耐热插座示例

9.2.5　高温高湿反偏寿命试验

在高温高湿环境下加电压是评估树脂材料部分绝缘退化的耐久性的试验方法。在很多时候施加的是反向偏压，在高温高湿环境下（恒温恒湿试验机）施加电压，定期测量设备的漏电，确认导致绝缘破坏的行为。图 9.7 所示为绝缘评估装置和恒温恒湿试验机示例。

图 9.7　绝缘评估装置（左）和恒温恒湿试验机（右）

9.3　其他环境试验

根据器件的预期用途等，在制造时设想车载、运输和存储环境等实际使用环境开展试验。

9.3.1　低压试验

评估器件在航空运输中的低压环境下的耐受性和耐久性。另外，对于在高海拔环境使用的 EV、HEV 等，评估低压环境下高压器件的绝缘性能也很重要。该试验适用于 1000V 以上的高压器件。另外，在低压环境下，由于空气密度降低，其散热性能也降低。因此，低压试验也是热设计可靠性评价的重要项目。试验方法是低压环境下给设备通电，如果需要也可以调整试验腔室温度。图 9.8显示了低压试验机的例子。

9.3.2　盐雾试验

评估金属零件在正常使用情况下的耐腐蚀性的试验，并不评估其直接对盐水的耐久性。尽管车辆和用于功率转换的功率调节器等有不少受海边环境气氛影响，但市场环境⊖气氛中的盐分浓度很低。本试验是使用高浓度盐水的加速

⊖　这里的市场，似乎是“应用”。——译者注

图 9.8　恒压恒温试验机（可在低压环境下通电和调温）

试验，另外由于氧气的存在会促进腐蚀，有时也进行盐干湿复合试验。盐雾试验的示例如图 9.9 所示。

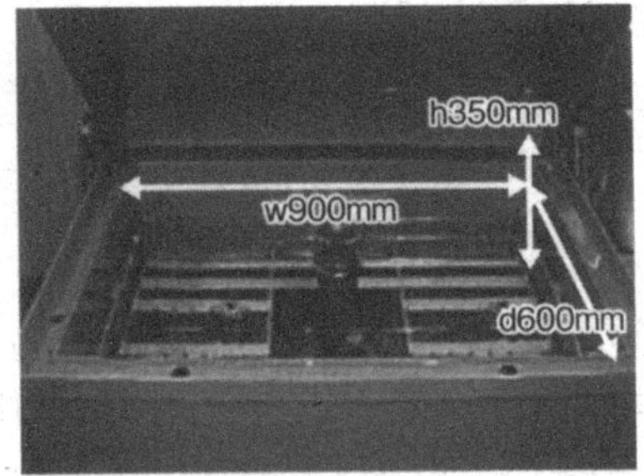

图 9.9　盐雾试验示例

9.3.3　加湿 + 封装应力系列试验

这是在寿命试验之前进行的试验，用来评估器件对其安装过程中必须经历的考验［吸湿→安装工序（高温）］的耐受性和耐久性。为了保证器件的吸湿量恒定，用恒温器做预处理干燥（工序①），然后在一定时间内使之吸收水分（工序②）。按照安装工序设定的温度曲线，使器件经历高温过程（工序③），检查器件的剥离和裂纹（工序④）。图 9.10 显示了可以用来模拟安装过程需要经受的这一系列考验的试验设备。

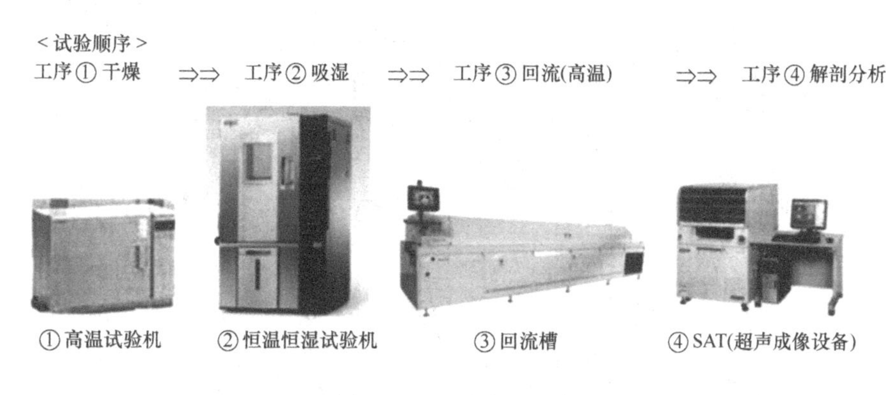

图 9.10　试验实施工序

9.4　功率循环试验

9.4.1　功率循环试验的种类

功率循环试验评估的是已安装的功率半导体通断电导致自身发热循环的情况下，各部分的结合耐久性。这是功率器件特有的试验，根据试验模式的不同，失效的部位也不相同。对于高功率系统以及 SiC 和 GaN 等控制大电流的器件而言，这是非常重要的试验项目。与前述温度循环测试相比，功率循环试验的温度变化急剧，器件温度变化不均匀，局部温度陡峭上升。因此，失效模式也不同于温度循环试验。

（1）ΔT_j功率循环（短时间）　关于 ΔT_j请参照图 9.11。该试验评估器件对频繁开关引起的温度变化的耐久性。该模式下预期的失效部位是引线键合接头和芯片基板之间的接头等。试验采取参照结温 T_j施加温度循环的方法，通过在短时间内重复导通关断高电流，对芯片周围施加局部热应力。

（2）ΔT_c功率循环（长时间）　关于 ΔT_c请参照图 9.12。与 ΔT_j功率循环相比，ΔT_c功率循环模式的电流较小，器件壳温 T_c逐渐上升。该试验模式导致的失效是在基板和散热板的键合部产生的焊料裂纹等。该方法的温度循环以壳温为参照，且开关循环的设定周期比 ΔT_j功率循环要长。

ΔT_j和 ΔT_c功率循环的典型试验条件见表 9.2。T_j和 T_c所对应位置和封装示意图如图 9.13 所示。

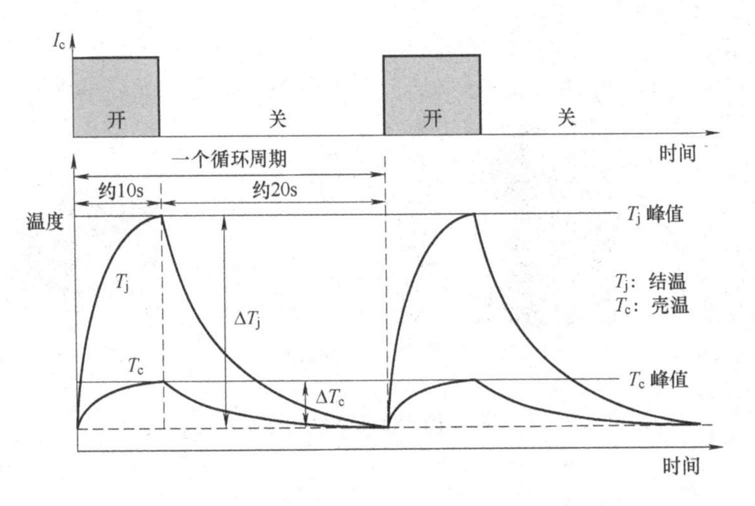

图 9.11　ΔT_j功率循环试验的温度曲线示例[1]

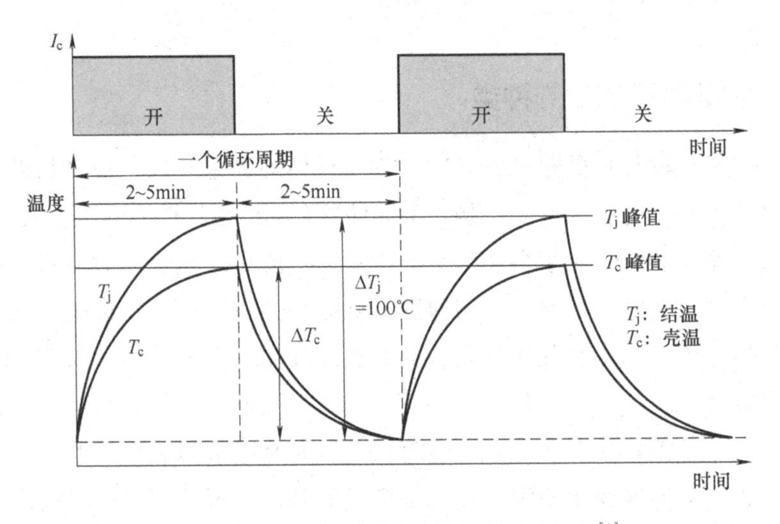

图 9.12　ΔT_c功率循环试验的温度曲线示例[1]

表 9.2　功率循环试验条件的例子[2]

	ΔT_j 功率循环	ΔT_c 功率循环
导通/关断时间	2s/18s	1～3min/10～20min
温度	ΔT_j = 100℃	ΔT_c = 80℃
循环次数	15000 次	5000 次
	30000 次（车载）	10000 次（车载）

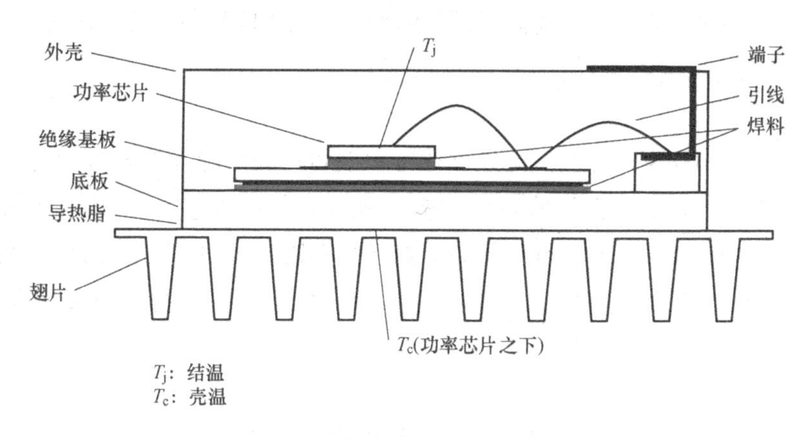

图 9.13　T_j和 T_c对应位置和封装示意图[1]

9.4.2　功率循环试验的加载方式

根据目的的不同，目前在功率循环试验中使用几种不同的加载方法。具体加载条件如下。

（1）保持开/关时间固定的加载条件　如果一直保持初始设置的开/关时间不变，则功率循环时器件的键合部发生的裂纹会增加局部电阻，产生更多热量。此外，随着散热板键合处焊料裂纹的发展，其散热性能降低，器件的温升增加。这种加载条件可以说是最严格的试验方法。

（2）保持 ΔT_j（ΔT_c）固定的加载条件　该方法主动控制加载条件，使得每个周期的 ΔT_j保持恒定。由于温度范围和达到的最高温度保持恒定，因此适合于重视复现温度和加速失效推定等的情况。另一方面，由于裂纹发展带来的电阻增加和散热变差会导致器件发热量增加，因此电流强度或导通时间会随之减少，与固定导通时间相比，测试应力会倾向于略有降低。这还可能导致失效部位从引线键合处变到芯片键合处。

为保持 ΔT_j（ΔT_c）恒定，需要以 T_j（T_c）作为控制的参考条件。具体来说，有以下方法。

（1）保持电流值恒定的开关加载条件　保持电流恒定、根据器件的温度上升时间来控制导通时间，以使得 ΔT_j（ΔT_c）保持恒定。

（2）保持功率恒定的开关加载条件　相对于固定电流的加载条件，为了缩短到达 T_j（T_c）的时间，可以采用固定功率的方法。由于器件的内阻随温度变化增减，因此，可以根据器件的内阻调整栅极电压来将功率控制在一个固定水平。例如，接通后立即增大栅极电压，随着电阻增加降低栅极电压来进行控制。

9.4.3 热阻

如上所述，功率循环测试的控制标准以及器件失效标准都要求知道器件内部的结温 T_j。可以根据器件的功率损耗和热阻来计算结温[3]。因此，为了实施功率循环试验，需要测量器件的热阻，热阻模型如图 9.14 所示。另外，在器件的热设计中，除了构成材料自身的特性之外，还必须考虑键合界面的热阻，界面热阻的测定将在后面叙述。

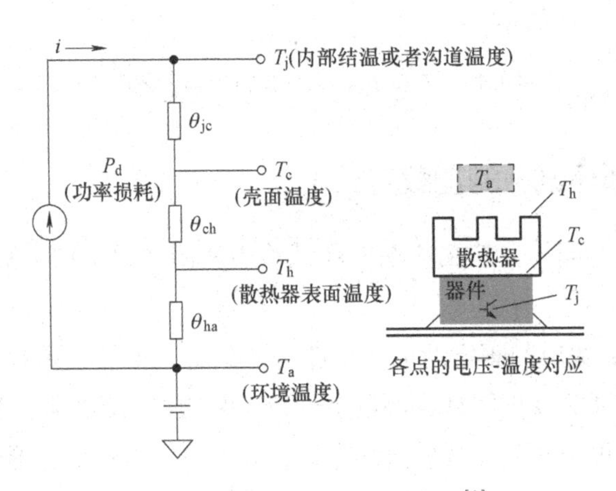

图 9.14　功率器件的热阻模型[3]

9.4.4 试验装置所需的性能规格

IGBT 和功率 FET 发热高电流大，用于评估它们的试验设备也有相应的性能和便利性规格要求。具体来说，需要适应大电流的插座附件或与适应高发热的冷却机构。作为冷却机构，根据热负荷大小，目前有风冷式和水冷式两种。此外，还需要包含器件电流控制的试验槽与电压加载集成系统。

（1）风冷功率循环测试设备　风冷功率循环试验通常适用于功率 MOSFET 等分立封装类型的器件。在断电时，使用风扇冷却器件的散热板或者翅片、散热器。在 IGBT 等试验中，为了重现测试环境的温度，有时可以将器件和冷却机构安装在恒温浴中（见图 9.15 和图 9.16）。

（2）水冷式功率循环测试仪　IGBT 模块等发热量高的器件适合水冷方式。该方式中，被致冷器冷却到一定温度的冷却水，在水冷板里的水路中循环流动，

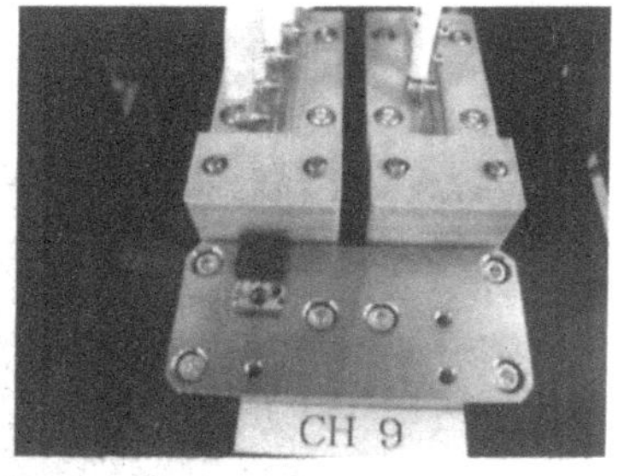

图9.15 风冷功率循环试验冷却部件（左）和连接器（右）

图9.16 风冷式功率循环试验设备（MOSFET用）

以此来冷却器件。为使器件温度保持在设定值，需要控制每个水冷板（器件）的制冷器的水量和水温（见图9.17和图9.18）。

图9.17 用于IGBT温度控制的水冷板示例

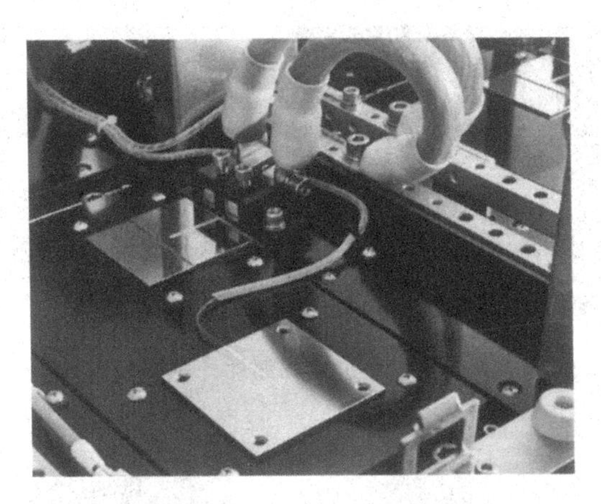

图 9.18　水冷式功率循环试验机（IGBT 用）

(3) 器件控制机制　为保持 ΔT_j（ΔT_c）恒定，在固定电流或功率的功率循环试验中，必须反馈与器件温度相对应的参数等各种控制因素，用来控制栅极电压。此外，通过与上述冷却机构配合可以实现有效的功率循环。在试验过程中，还需要系统配置同步记录结温 T_j、I_{ce}、V_{ce} 和 V_{ge} 等各个参数的数据，这样一来就可以研究由于功率循环变化和热疲劳引起的结合部的破坏行为。

9.5 功率器件可靠性试验的检查方法

在试验之后，还应对器件有一些检查、分析方法，而对于功率器件的分析往往综合使用一些方法。下面描述代表性的分析方法（参照图 9.19）。

9.5.1　X 射线透射分析

分析方法简单，适合全体筛选，可以通过无损透射检测空洞和裂缝。利用的是不同材料的 X 射线吸收率差异，对剥离和微小裂纹的检测准确度不如后述方法。

9.5.2　超声成像系统

超声断层扫描摄影（Scanning Acoustic Tomograph，SAT）可用于对各种材料内部的缺陷（剥离、空隙）的无损检测。原理上比 X 射线更容易检测剥离等空隙。用于检查回流前后的塑封 IC 内部的状态、结合面的剥离、裂缝评估。对于功率器件，有时需要去除封装材料。优点是可以直观地观察整个器件。

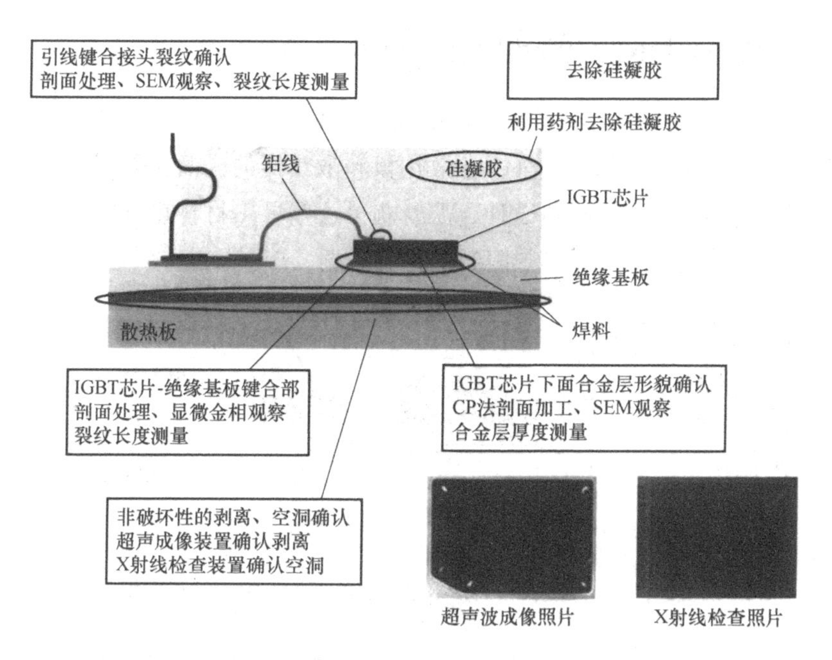

图9.19　功率半导体可靠性试验的检查方法

9.5.3　横截面观察

通过横截面（剖面）观察，可以看到和验证无损透视中无法确认的缺陷部分，并且可以实行表面观察中无法做到的深度方向观察。电子显微镜比光学显微镜（立体显微镜、金相显微镜）放大倍率高，而且可以进行组成分析。

9.5.4　锁相红外热分析[4]

该方法利用高灵敏度检测的红外线热成像分析，通过检测模塑树脂或印刷基板内部发热来确定故障部位。基于周期性发热，可以根据热成像数据和发热的相位偏差来确定发热部位。

9.6　材料热阻的评估

功率半导体的热设计需要评估材料的热阻，并选择适当的材料。除了材料自身的热阻之外，就可靠性而言，界面热阻的评估也很重要。这里特别介绍包括键合界面的热阻测量方法的特征和示例。

9.6.1 包括界面热阻的导热特性（有效热导率）

图 9.20 所示为功率半导体模块的剖面示意图。功率半导体的芯片贴装采用导电胶等高耐热黏结材料。此外，在散热板和散热器的界面上使用诸如导热片之类的界面材料。为了进行热设计，需要获得这些导热材料热特性（热传导能力 = 热导率，热传导的难度 = 热阻）的准确数据。

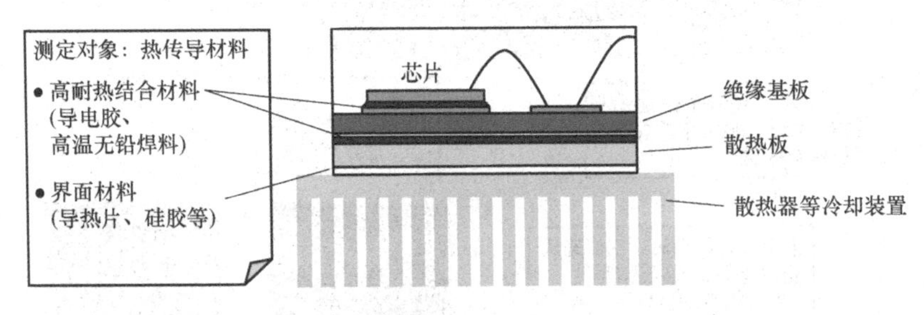

图 9.20 功率半导体模块的剖面示意图（测量对象的示例）

传统上，一般的热导率测量使用热线法和激光闪光法，这些方法可以测量材料单体的热导率和热阻，但是得不到实际的键合和黏结状态下键合界面的热阻。另外，这些以均质材料为基准的测量方法不适合测定复合材料。另一方面，所谓稳态法可以测量包括界面热阻的复合材料热阻。另外，使用将固化材料夹在两个接头块之间的盒式试验片可以实行模拟安装状态的测量，这种测量方法是 NEDO 联合研究开发的一种技术，用于测量导电胶的热特性，目前正在制定 ISO/PRF 16525-3 标准[5-8]。

9.6.2 热特性评估系统的配置和测量原理

热特性评估系统的外观如图 9.21 所示。图 9.22a 和 b 分别表示用于一般材料和固化材料的测量单元的结构。该系统由测量单元、控制单元（用于测量条件设定和加热/冷却控制）、数据处理单元（实时计算传热特性并显示、记录）构成。在测量单元中，将待测材料安装在上下热通量测量棒之间，使得一定的热通量从上面的加热源流向下面的冷却部分。另外，测量单元设有加压机构，用载荷传感器测量压力。

对于固化材料，使用图 9.22b 所示的模拟安装状态的盒式测试件。该测试件为三层结构，在两个接合块之间夹有待测材料。在两个接合面上都存在界面热阻，可以测出。在接合块上有温度测量用的孔，可以直接测量被测试件的温度。

图9.21 热特性测量系统外观图

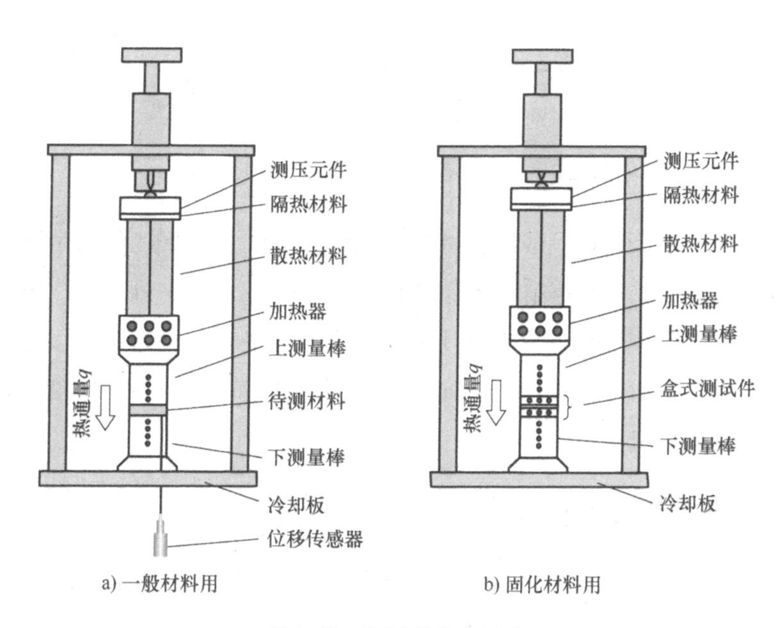

图9.22 测量单元的组成

图9.23显示了上下测量棒和待测材料的温度分布示例。该系统根据稳态下上下测量棒的温度分布和被测材料的温度，依据式（9.1）和式（9.2）计算有效热导率 k_{eff}[W/(m·K)] 和总热阻 R_t(m^2·K/W)。

$$k_{eff} = \frac{q \cdot t_s}{\Delta T_s} \tag{9.1}$$

$$R_t = \frac{\Delta T_s}{q} \tag{9.2}$$

式中，q(W/m^2) 是从上下测量棒的热导率和温度梯度求得的上下杆测量棒的热通量平均值；t_s(m) 是待测材料的厚度；ΔT_s(K) 是包括测量材料连接面在内的温差。

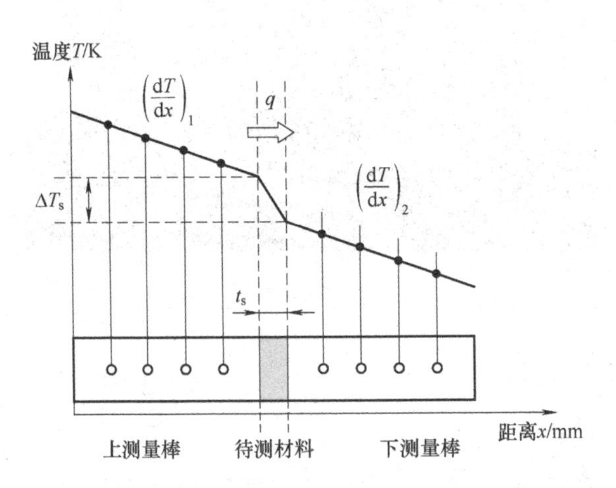

图 9.23　上下测量棒和待测材料的温度分布

总热阻 R_t($m^2 \cdot K/W$) 是待测材料的热阻 R_s($m^2 \cdot K/W$) 和两个连接面界面热阻 R_i($m^2 \cdot K/W$) 的热阻之和。因此，以总热阻 R_t为 Y 轴参量，待测材料厚度为 X 轴参量绘制数据点，通过其拟合直线的斜率和 Y 轴截距可以计算出待测材料的界面热阻和热导率[9]。以此方式，可以通过改变材料的厚度进行测量来分离求出界面热阻。

9.6.3　热性能测量示例

接下来描述常规材料导热片和作为固化材料的导电胶的热性能测量示例。

1. 导热片的测定

下面介绍三种厚度为 1mm 的市售导热片的热阻测量示例。图 9.24 显示热导测量时的情形。测定条件为样品温度 50℃，压强分别为 100kPa、300kPa、500kPa。图 9.25 显示了压强和总热阻（包括上下铝棒的接触热阻）之间的关系。

从图 9.25 可以看出，压强越高，各个导热片的总热阻越小。这是因为随着压强增加，导热片的厚度减小，并且与上下铝棒的界面热阻减小。但是对于不同的导热片，压力引起的总热阻变化量是不同的；并且在100kPa和300kPa压强下，总热阻是片A>片B>片C，而在500kPa下，顺序变为片B> 片A>片C。原因可能是在三种类型的板中，由于压力导致的导热板的厚度变化量不同（见图9.26）。如上所述，可以测量实际应用压强下的热阻，并且不仅可以选定材料，还可以找到导热片热阻的最佳设计工艺条件。

图9.24 导热片测量的情形

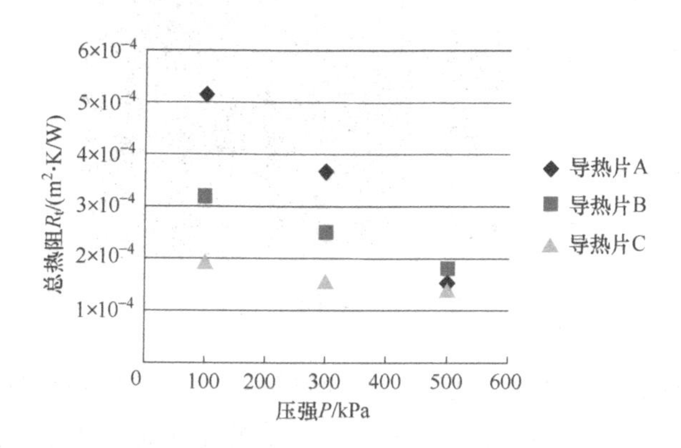

图9.25 导热片的压强和热阻的关系

2. 导电胶的测量

以下是市售的银-环氧导电胶的测量实例。图9.27显示了所制备的导电胶测试件的示例。用导电胶把两个铜块上下对齐粘合，在小型高温室（ESPEC公司生产的ST-120）中以规定温度和时间实现热固化，完成试验件的制备。将玻璃珠夹在两个铜块之间，用来调节导电胶的厚度。为了做比较，分别设定试验

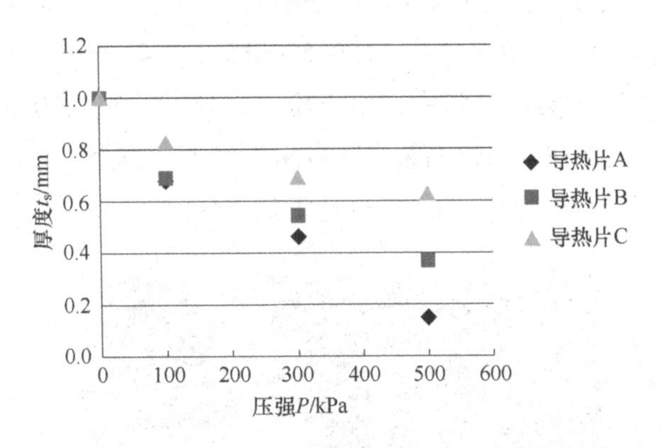

图 9.26　导热片的压强和厚度的关系

件的尺寸为 10mm×10mm 和 20mm×20mm，玻璃珠的直径为 0.2mm、0.3mm 和 0.5mm。

图 9.27　导电胶试验件

图 9.28 显示了总热阻（包括上下铜接头块之间的界面热阻）与导电胶厚度之间的关系。如图所示，10mm×10mm 和 20mm×20mm 的导电胶的总热阻几乎相同，并且图中线性拟合直线斜率的倒数就是该导电胶的热导率[2.75W/(m·K)]，而从 Y 轴截距则可以算出界面热阻为 $6.8\times10^{-6}\mathrm{m^2\cdot K/W}$。图 9.29 显示了导电胶有效热导率的测量结果。包含界面热阻的有效热导率比单独的导电胶的热导率小，并且随着导电胶厚度减小而降低。这样，可以在实际安装状态下测量热特性，还可以通过改变材料的厚度来求出单一材料的热导率。

导电胶的热导率k_s	2.75W/(m·K)
与铜之间的界面热阻(上下两面)$2R_i$	6.8×10^{-6}m²·K/W

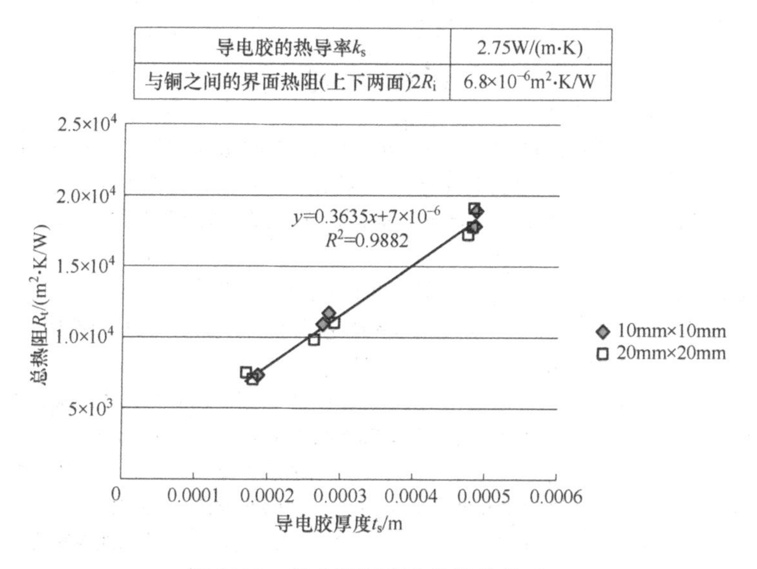

图 9.28　导电胶厚度和热阻的关系

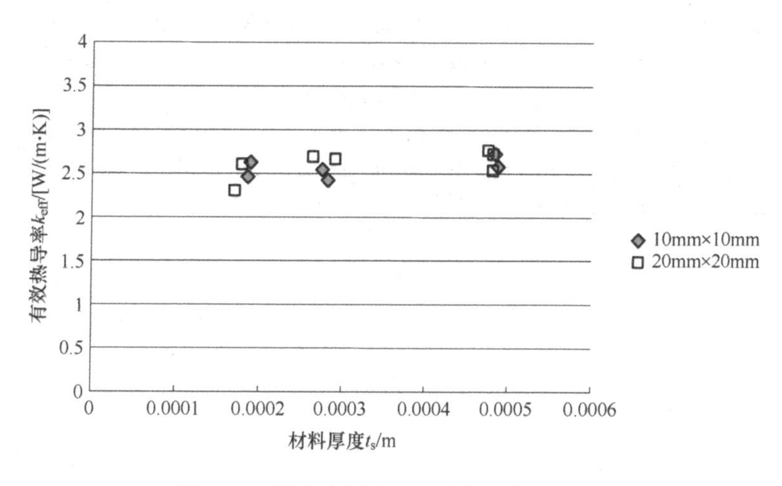

图 9.29　导电胶厚度和有效热导率的关系

9.7 小结

本章描述了功率半导体的可靠性评估和检查方法的概要。在一般半导体可靠性测试的基础上，提出了功率半导体专有的测试方法。特别是功率循环试验，对应的是市场上非常严格的温度循环，期待今后能够看到试验方法的标准化和测定方法的改善。

参考文献

[1] JEITA 規格，“EIAJ ED-4701”， 電子情報技術産業協会（JEITA：Japan Electronics and Information Technology Industries Association）2013.12
[2] 山口浩二，增渕肇，岡本泰作，“車載用半導体製品の品質・信頼性の作り込み”，富士時報，Vol. 84 No. 2 2011
[3] 由宇義珍，“はじめてのパワーデバイス”，森北出版社，2011
[4] 高森圭，中村隆治，味岡恒夫“ロックイン赤外線発熱解析を用いた故障解析”，日科技連 第43回 信頼性・保全性シンポジウム，2013
[5] JEITA：“第一回ICA標準化推進フォーラム「NEDOプロジェクト導電性接着剤実装技術に関する標準化調査事業」平成20年度活動報告書”，(2009)
[6] JEITA：“第二回ICA標準化推進フォーラム「NEDOプロジェクト導電性接着剤実装技術に関する標準化調査事業」平成21年度活動報告書”，(2010)
[7] 平田 拓哉，田中 浩和，柳浦 聡，渡邉 聡，大串 哲朗：「導電性接着剤熱伝導率測定装置の開発—カートリッジ方式一方向熱流定常比較法—」，熱工学コンファレンス2009講演論文集，p. 169-170，(2009)
[8] International Organization for standardization：“ISO/DIS 16525-3 Adhesives-Test methods for isotropically electrically conducting adhesives-Part3：Determination of heat transfer properties”，(2012)
[9] American Society for Testing and Materials：“ASTM D5470-12 Standard Test Method for Thermal Transmission Properties of Thermally Conductive Electrical Insulation Materials”，(2012)

第 10 章

编 后 记

本书以宽禁带功率半导体的封装技术为中心，邀请各个重要技术领域的专家从各个角度详细叙述了当前技术状况。幸运的是，从本质上来说，功率半导体类似模拟器件，与数字器件有很大不同。后者的制造很容易成为一个由设备主导的产业。也就是说，与只要购买制造设备就能简单地大量生产的存储器、液晶面板、太阳能面板不同，功率半导体的技术诀窍不易获取，无法模仿。从某种意义上来说，该技术可以成为像黑盒子那样的东西。但是另一方面，作为处理大功率的器件，必须认真关注其可靠性。为了充分利用器件，需要在设计时充分理解其材料、制造工艺和控制技术。

例如，如果在日本技术与评估研究所（NITE）的资料检索中搜索在日本发生的“逆变器事故”，就会发现大量案例。检索 1998 年以后，共列出 129 起事故㊀，其中一些甚至是致命的。当然，这个数字仅是日本国内统计，在全球市场上可能是其几倍至数十倍。从几年前开始，在中国和澳大利亚出现多起手机充电的触电报告，其中一些导致死亡，很可能是使用廉价无牌充电器造成的。在宽禁带功率半导体的实际应用中，预计结温会升高，功率密度会显著增加。无论是平板电脑和智能手机的充电器，还是汽车、火车、飞机等客运设备，以及被家庭能源管理系统（Home Energy Management System，HEMS）和楼宇能源管理系统（Building Energy Management System，BEMS）渗透的重要社会基础设施设备，例如家用设备、发电、输电网络和通信网络等，首先考虑的就是安全性，而决定安全性的技术领域，就是封

㊀ 到 2014 年为止。——译者注

装和安装。

在宽禁带功率半导体的广泛应用之前，开发新的封装材料及确立新的封装结构是当务之急。必须密切关注可靠性分析技术和标准，以及生产中的质量控制。在前所未有的严格的实际应用条件下，宽禁带功率半导体的表现如何？寿命有多久？这是每个器件开发中都需要努力了解的，为此需要建立一个业界普遍认可的平台。遗憾的是，在全球发展方向已经明了，商业产品开发终于开始之际，似乎尚未见到制订可靠性分析技术/标准的计划。

最后，简单介绍一下世界范围内宽禁带功率半导体的发展趋势。首先是日本，日本各地都在进行关于电力电子的各种工作，虽然不能做到完全覆盖，但图 10.1 显示了机构性开发活动的主要地点。多年来，以筑波产业技术综合研究所为中心，SiC 功率半导体的开发不断推进，在 2009 ~ 2014 年间，NEDO 开展了“实现低碳社会的新材料功率半导体项目”，其中也包括封装技术，但不包括现实的无铅芯片贴装技术等。从 2013 年的后半年开始，文科省旗下开始了超级集群项目，以京都大学（SiC）和名古屋大学（GaN）为中心开展活动。2014 年以后，在内阁府的综合科学技术会议（CSTP）的基础上，新的文科省（MEXT）和经济产业省（METI）统合开发计划开始了活动[2]，旨在统筹规划分散在各省厅的宽禁带功率半导体技术开发活动。图 10.2 所示为内阁府公开资料摘录，汇总展示了这些活动。最上面一条的经济产业省框架部分是具体公司支持形式，由四个项目构成。在每个项目中，都需要有功率半导体的实用化蓝图，所以当然包含了封装技术的开发。下面的“SIP”框架是正式名称为“战略革新创造项目”中的电力电子技术开发框架，旨在形成从晶圆到设备开发的基础技术，封装技术包括在模块技术开发中。除此之外，总务省框架和环境省框架下的多个技术开发也在进行中，有望创生大量新技术，其中就包含封装技术。

另一方面，其他国家也有很大的举动。根据 2013 年的总统宣言，美国在北卡罗来纳州立大学设立了宽禁带功率半导体开发的产学合作中心。这是让新产业生产线返回美国战略的一部分，形成了涵盖三个新制造技术开发的枢纽。宽禁带功率半导体是其中之一，有 7 所大学、18 家公司参加了大规模的开发活动，其中封装技术的开发在弗吉尼亚理工大学进行。这个项目得到 DOE 和 DARPA 的预算支持。DARPA 掌握与军事相关的大量开发预算，源于美国的很多新技术，虽然是为了军事目的而开发的，但是也发展了民生利用。在 SiC 技术的开发方面，众所周知的 Cree 公司也是在 DARPA 的支持下成长的。弗吉尼

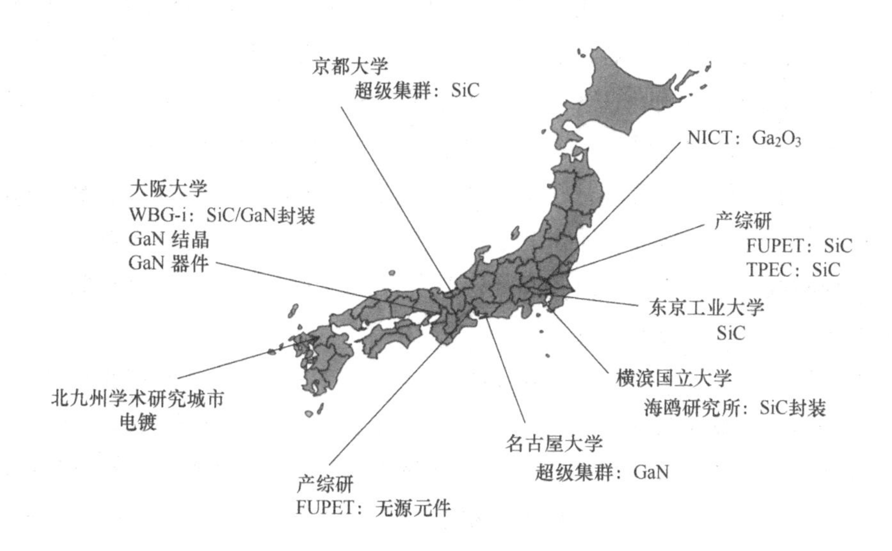

图 10.1　针对宽禁带功率半导体的有组织的技术开发

SIP下一代电力电子规划整体图像

以应用和电力电子设备为中心的商业化领域

下一代电力电子技术开发计划
：经济产业省H26~H31

SIP

设备、电路

模块
(封装、部件等)

器件

晶圆、外延材料

基础技术

下一代功率模块的应用
• 使用下一代功率模块的各种电路与系统安装技术的开发
• 应用产品试制和工作验证
(HVDC用多级电力变换器、混合直流断路器)

新电路、软件
• 掌握应用系统的创新控制电路、软件
• 功率处理

下一代SiC模块
• 超小型、高电流密度、高速模块技术
• 高温、高电流密度、高耐压材料、部件开发
• 模块可靠性技术

下一代SiC器件
• 6.5kV以上双极型器件
• 新结构、超高耐压、低损耗器件

下一代SiC晶圆
• 高耐压器件低应力多层厚膜晶圆
• 电导率控制技术

下一代GaN器件
• 垂直型功率器件

下一代GaN晶圆
• 低缺陷高品质晶圆

新结构器件
• 新结构器件的理论分析

新材料基础技术
• Ga_2O_3、金刚石等

SIP　下一代电力电子：内阁府H26~H30

SiC　GaN　未来技术

图 10.2　内阁府和经产省计划的电力电子技术开发[2]

亚理工大学的封装小组从 10 多年前开始就一直积极地在国际会议上展示技术。美国宣称要扩大宽禁带和电力电子产业，从时代潮流来看本是理所当然，但却让全世界认识到这个领域的重要性。这无疑会使迄今为止一直在黑盒子中低调开发的电力电子器件变得更为普遍。由于其巨大市场包括空调、冰箱等家电产品，以及智能手机等个人信息设备，因此不仅发达国家，一些发展中国家也积极参与技术开发，电力半导体作为通用器件将开始迅速发展。应该指出，虽然在订制规格倾向明显的车载设备和社会基础设施上的发展应该门槛不低，但是价格竞争也会对其有很大影响。

在欧洲，最关注功率半导体封装技术的发展的是强电、电子零件和汽车工业发达的德国。奥迪和西门子公司参与专注于封装技术发展的 PROPOWER 项目，并在 2014 年底计划推出安装新一代功率半导体的 EV 原型和功率 LED 照明的原型[5]。总部位于纽伦堡的财团组织欧洲电力电子中心（European Center for Power Electronic，ECPE）有许多公司成员，并持续开展各种丰富多彩的活动，例如举行国际会议、项目计划以及与电力电子学相关的教育。作为零部件制造商的联盟，从 2000 年开始，E5 一直在开展无铅高温焊料开发为起点的芯片贴装技术内部调查活动。成员是恩智浦、英飞凌、博世、飞思卡尔和意法半导体等领军企业。

如上所述，日本欧美都加快了宽禁带功率半导体的开发，其中封装技术被列为其核心技术之一。如果没有保证安全放心的封装技术，就无法开拓电力半导体的未来市场。在本书作者执笔的时候，器件的基本结构设计还是基于各公司各自的方针，尚未确立事实标准。如果能在本书中找到目前情况下最好的解决方案，那是值得高兴之事。封装技术需要研究如何降低芯片所受的负荷，使之能够持续稳定工作。另外，下一代的功率半导体必须提供缺陷检查技术，使人们知道缺陷的种类、尺寸和分布如何影响设计寿命。制订规格意味明显的功率半导体作为抑制全球变暖的节能技术的王牌，目前正在全世界扩大普及。与此同时，新技术的开发竞争也毫无疑问地开始了，通用宽禁带功率半导体的市场也会扩大。在先行技术开发的同时，希望相关人员能够尽早牢牢掌握各技术领域的商业模式。

参 考 文 献

[1] 独)製品評価技術基盤機構ホームページ；http://www.nite.go.jp/index.html
[2] 独)新エネルギー・産業技術総合開発機構公募資料より；http://www.nedo.go.jp/

content/100565859.pdf
[3] 米国ホワイトハウスニュース；http://www.whitehouse.gov/the-press-office/2014/01/15/president-obama-announces-new-public-private-manufacturing-innovation-in
[4] バージニア・ポリテクニーク大学 CEPES；http://www.cpes.vt.edu/
[5] ECPE ホームページ；http://www.ecpe.org/

相关图书推荐

［德］
约瑟夫·卢茨(Josef Lutz)
海因里希·施兰格诺托(Heinrich Schlangenotto)
乌维·朔伊尔曼(Uwe Scheuermann)
里克·德·当克尔(Rik De Doncker)
著

卞抗　杨莺　刘静　蒋荣舟　译
陈治明　审

作者简介：

Josef Lutz 博士是德国开姆尼茨工业大学的教授，Heinrich Schlangenotto 博士是达姆施塔特工业大学的教授，Rik De Doncker 博士是亚琛工业大学的教授。他们长期从事功率半导体器件的研究和教学工作，在业内享有盛誉。Uwe Scheuermann 博士在德国 Semikron 公司从事功率半导体器件的开发研究工作，特别在封装、可靠性和系统集成方面做出了重要贡献。

内容简介：

本书介绍了功率半导体器件的原理、结构、特性和可靠性技术，器件部分涵盖了当前电力电子技术中使用的各种类型功率半导体器件，除了介绍经典的功率二极管、晶闸管外，还重点介绍了 MOSFET、IGBT 等现代功率器件，颇为难得的是收入了近年来有关功率半导体器件的最新成果，如 SiC、GaN 器件，以及场控宽禁带器件等。此外，还包含了制造工艺、测试技术和损坏机理分析。这些内容对于广大的研制和生产各种各样的电力电子器件的工程技术人员是极其宝贵的，而这些内容在同类专业书中是不多见的。